幼兒生活技巧與感覺統合遊戲 ② 遊戲學習 篇

圖解 **30個生活遊戲 + 127個問題解決方案**
協助孩子學習不卡關

OFun 遊戲教育團隊 ◎總策劃

專業職能治療師

林郁雯・柯冠伶・陳姿羽
牛廣妤・林郁婷 ◎合著

適用年齡
0~8歲

新手父母

CONTENTS

CONTENTS

我是不倒翁 P.61

我是跳跳虎 P.57

CONTENTS

我是保齡球 P.83

穿衣玩水 P.112

牆壁擊擊樂 P.118

CONTENTS

PART 2

學 學習行為

水果攤開賣囉！ P.132

我是投籃高手 P.144

找找是誰來了！ P.169

CONTENTS

泡泡長大囉！P.179

大螺絲創意畫 P.183

綁筷子 P.207

彩色大獅子 P.189

結合臨床經驗，
找到孩子生活中不卡關的關鍵

文｜李旺祚
臺大醫院兒童醫院院長、臺大醫院小兒部主任

　　學齡前的孩子各項能力發展快速，其中 0 ～ 3 歲更是大腦發展的黃金期，在生活中提供足夠的刺激與陪伴，能促進大腦神經元的連結更加活躍、有效能，對孩子未來的發展至關重要。生活中的大小事包含許多面向的能力，然而大人卻時常忽略其重要性，當孩子面臨挫折與困難時選擇直接幫孩子完成，因而錯失掉許多練習的機會，十分可惜。

　　本書由幾位具多年臨床經驗的兒童職能治療師合作撰寫，統整孩子生活中可能面臨的困擾，以深入淺出的方式說明發展觀察重點、可能的成因與對應策略，並搭配插圖與照片輔助，讓家長可以快速、正確的掌握孩子狀況，是居家育兒的好幫手，值得推薦。

專業間與家庭的合作對於孩子的成長也是相當重要的環節，希望透過分享這本書的內容，讓我們以文字溝通，提供醫療方面的觀點，並期待結合親職與教育現場的經驗共同協助孩子、促進親子共好，找到生活中不卡關的關鍵。

對症下藥，
用「玩」來幫助孩子發展

文 | **吳姿盈** · 兒童職能治療師

「育兒，就是每天都在打怪、練功、升等的過程。」

　　身為兒童職能治療師的我最常被問到的問題，不外乎就是「為什麼孩子無法好好吃飯？」、「為什麼孩子分不清鞋子的左右邊？」、「為什麼孩子常常踮腳尖走路？」等和孩子生活息息相關的問題，當孩子在生活領域上出現困難，讓許多家長每日的育兒生活都多了一些煩惱與困擾。

「了解原因，才能對症下藥。」

　　每個孩子遇到困難的原因都不同，我很喜歡這本書由許多專業的職能治療師共同整理，把每個問題背後可能的原因都詳盡地列出來，幫助家長重新去思考和檢視孩子遇到的真正困難是什麼，也針對每個問題提出了實用的解決方法，詳細又清晰的文字說明，好讀也好懂。

「從遊戲中學習，讓孩子的成長事半功倍。」

　　除了原因分析和解決策略，每個章節還很貼心地提供了相關的親子遊戲！每個遊戲都是職能治療師從專業的發展知識出發，化成簡單好懂、在家就能執行的小遊戲。當孩子們正處於喜歡「玩」的階段，用「玩」來幫助孩子發展，除了能提高孩子的興趣，更能幫助親子在遊戲中一起交流與互動！

玩中學，學中教
輕鬆互動不嘮叨

文 | **何采諭** · 臨床心理師

在親職教養的過程中，大人最常出現的兩個狀況：

一、「說教」：

要孩子了解做某些事情的意涵、知道做某些事情的道理，而淪於說教、講道理。

二、「禁止」：

這個不行、那個不要，但卻沒有讓孩子知道到底可以如何。

接下來可能面對衝突，彼此有情緒，又再次落入「說教」與「禁止」的循環中。

在看到這本有趣的「育兒生活指南」，最吸引我的是：將生活中孩子常見的狀況為例子做分類，接下來是從職能治療師的角度來分析「原因與影響」，最後是可以試試看的好方法及搭配的親子活動。

每一個活動都是生活中隨手就可以和孩子一起參與，並可以依照孩子的年齡層及能力來做不同的難度區分，來促進親子互動。

因為不難、因為生活化，所以孩子的完成度高，除了可以有效訓練孩子外，也可以誘發練習的興趣。

因為不難，因為生活化，所以孩子的自信心也隨著這些有趣的小活動漸漸提昇。

「玩」是孩子的天性，而各種生活訓練更是需要時間來養成；從輕鬆的小活動中，玩中學、學中教，讓孩子有練習的時間，接納包容，並等待進步，他們會是自己的小老師，未來也會是你的小幫手！

| 如何使用本書 |

主題

孩子各種常見的生活行為狀況。

問題描述

列出與問題相關的行為表現，家長可以勾選並以此檢核孩子是否在生活中真的有狀況。

---

1 玩遊戲總是太大力，嗨起來力道難控制！

- □ 經常用力過猛，一不小心用壞玩具。
- □ 常常覺得自己很小力，但別人覺得很痛。
- □ 常常動作太大，東撞西撞。
- □ 常常被形容很粗魯。
- □ 丟接球的遊戲很難瞄準。

在公園或是動態遊戲時，小孩常常一個太激動用力過猛或是動作太大，造成一些小糾紛，小時候是大力士但隨著年紀增長愈來愈像無敵破壞王，那可能就需要注意囉！

力氣大跟力道控制經常被混為一談，但其實這是兩件事情。如果搬得動很重的物品，可以靠自己的力量民高或是推得動很重的傢俱等，真的都是大力士。但是如果是力道過猛，誤判要使用的力氣造成東西損壞或是他人抱怨很痛等，就是控制上需要加強。

原因與影響

❶ 本體感覺對於身體形象不夠清楚

力道控制與感覺統合中的本體覺息息相關，身體概念指的是人有意識的去掌握自己的身體印象，可以在沒有視覺的輔助下，知道自己的身體、關節、肌肉等在空間中大概的位置，例如：可以在不照鏡子的情況下模仿他人的動作，或是知道自己的手伸出去會不會碰到別人等。

此外，力道控制的關鍵在於大腦接收到本體覺訊息與輸入之後，整合以及判斷並輸出剛剛好的力氣；並與距離的判斷相關，先知道身體與空間目標的相關距離後，才能決定力量的多寡。

❷ 肌肉張力低，已經很努力了但動作看起來像沒吃飯

力道控制也與肌肉的張力有關係。肌肉張力指的是在肌肉放鬆時保有的彈性，就像是沒有受到外力干擾的橡皮筋仍保有一定的鬆緊度一樣。張力比較低的小孩，對於外在本體覺的感受程度也比較不敏感，在力道控制上他可能已經覺得自己很用力了，但還是給別人一種軟軟沒有力氣的感覺。

❸ 注意力不集中，沒有察覺到身體的回饋

當小孩情緒高漲注意力較為渙散或是容易分心時，對於身體反應回饋給自己的訊號也容易錯過，忘記把注意力放在自己身上，導致容易出現力道過猛，或是動作小失控的情況發生。

試試這樣做

✎ 嘗試本體覺活動

> Point 藉由全身出力來喚醒全身肌群

如果常做事慢吞吞，或是全身看起來軟趴趴的小孩，可能是因為肌肉張力較低，建議可以多從事全力出力的本體覺活動，如匍匐前進、爬梯子、推重物等等需要核心肌群的活動。另外，因會上述些活動所耗費的能量也比較多，所以適要要休息。

34　　35

原因與影響

以職能治療師的經驗，透過專業分析與歸納，提供問題背後可能的成因。協助大人理解孩子的生活狀況可能和身心發展、感覺統合、環境等因素有關。

試試這樣做

以兒童發展理論為基礎，提供職能治療師常用的策略，讓大人能夠選擇合適的方法來協助孩子。

> Point 加註訣竅重點

親子遊戲這樣玩

每個生活主題都有提供1～2個居家遊戲。將孩子在各項問題中的能力要素轉化為遊戲形式，讓大人可以透過親子遊戲中的材料準備與玩法，累積孩子所需要具備的能力，在互動與遊戲中學習，增進生活行為的表現和參與，改善生活困擾。

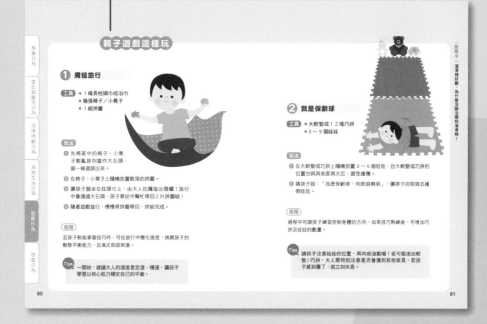

親子遊戲這樣玩

① 魔毯旅行

工具 ● 1 條長枕頭巾或浴巾
● 幾張椅子／小凳子
● 1 組拼圖

玩法
❶ 先將家中的椅子、小凳子散亂排列當作大石頭，留一條道路出來。
❷ 在椅子、小凳子上隨機放置散落的拼圖。
❸ 讓孩子盤坐在枕頭巾上，由大人拉魔毯出發囉！旅行中會通過大石頭，孩子要從中幫忙帶回 2 片拼圖啦！
❹ 隨著遊戲進行，慢慢將拼圖帶回，拼組完成。

（進階）
若孩子較能掌握技巧時，可在旅行中變化速度，挑戰孩子的動態平衡能力，且滿足前庭刺激。

Tips 一開始，建議大人的速度是定速、慢速，讓孩子學習以核心肌力穩定自己的平衡。

② 我是保齡球

工具 ● 大軟墊或1 2塊巧拼
● 3 ～ 5 個娃娃

玩法
❶ 在大軟墊或巧拼上隨機放置 3 ～ 5 個娃娃，且大軟墊或巧拼的位置勿與其他家具太近，避免撞傷。
❷ 請孩子說：「我是保齡球，向前滾啊滾」，讓孩子往前滾去撞倒娃娃。

（進階）
過程中可請孩子練習控制身體的方向，如果技巧熟練後，可增加巧拼及娃娃的數量。

Tips 請孩子注意娃娃的位置，再向前滾動喔！若可能滾出軟墊／巧拼，大人需特別注意是否會撞到其他家具，若孩子感到暈了，就立刻休息。

80

81

19

掌握大原則，學會小技巧
您就是孩子的最佳拍檔！

文｜**林郁雯**·兒童職能治療師

孩子從可愛的嬰兒到貓狗嫌的幼兒，再到開始發展自我性格與想法的兒童，無論您是孩子的照顧者、陪伴者或教育者，相信這條育兒路上早已遇到不少的問題、困擾與擔憂。

能深刻體會讀者的無所適從，過度約束擔心引發親子衝突，好言相勸卻沒有顯著的改善效果，很多時候大人只想求個解方，看能否快速解決眼前之急，但頭疼的是，孩子的狀況總是不照教養書上走呀！

入校服務看見老師在班級經營上費盡苦心，以及家長經常諮詢的多是孩子在家中或特定情境才會出現的問題，每個問題的背後往往受大大小小的原因相互交織所影響，比起深入去探究原因，相信讀者更需要的是獲得嘗試解決的方法，而這也是我們寫這本工具書的用意與用心。

衷心感謝能參與這次的書籍撰寫，有幸將自己多年來的經驗跟讀者分享，每個篇幅的「試試這樣做」與「親子遊戲這樣玩」都是值得試試的妙招，幫您建立新的思考方向與學會具體的執行策略，讓您成為孩子成長路上的最佳拍檔！

每天累積一點點
養成超強整合力

文 | **柯冠伶**・兒童職能治療師

　　資訊傳遞的發達，許多家長及老師對於孩子的發展關注度及敏感度提高，對於感覺統合也有認識。臨床上工作上，經常有家長詢問孩子們日常生活上可能出現的狀況，並希望能夠改善或是加強。這次很開心能夠有機會，與許多厲害的夥伴們一起將這些日常生活中常見的疑問整理成冊，與大家分享其中可能原因以及改善小技巧。

　　希望藉由這些每天都會遇到事情，運用改善的技巧讓孩子每天都能夠練習，每天都能夠更進步，一點一點的累積成超強大腦整合能力，也能讓孩子在日常生活的挑戰中更有成就感！

　　除此之外，書中也提供許多的小遊戲，希望孩子們可以在遊戲有趣的情境中更主動的參與，積極主動的參與才是打開大腦運作的關鍵呦！

拓展生活經驗
孩子的學習從日常做起

文 | **陳姿羽** · 兒童職能治療師

　　我們都希望孩子能學得快、學得好，但學習並不是在上課或做作業時才能進行，生活俯拾之間都是學習的機會，更是未來學習的基礎。

　　在臨床工作多年以來，很常遇到孩子的遲緩來自於後天的刺激或練習機會不足，有些孩子被要求超過年齡的挑戰，屢次挫敗而導致對新挑戰很容易抗拒或逃避，有些孩子則是被保護得太好，很少有自己動手練習的機會，久而久之養成依賴大人協助的習慣，或是因執行品質不佳而常常跟不上同儕。因此，依據孩子的年齡與能力，鼓勵孩子參與日常活動，並給予「剛剛好」的協助對於孩子的發展是非常重要的事。

　　這次很榮幸能與幾位優秀的兒童職能治療師夥伴合作，各自集結在臨床上的經驗、統整出最困擾家長的生活問題，除了提供兒童發展知識與背後成因，也設計了對應的居家練習方案，希望幫助家長多一項實用工具可以參考，在育兒路上不孤單。

陪伴孩子一同解鎖生活中的小事

文｜**牛廣妤**・小樹職能治療所所長

　　離開醫院、走入社區,當臨床工作延伸至到宅及到校治療,愈是貼近孩子實際的生活環境,愈深刻感知孩子的學習及成長應從「日常生活」開始。每一項日常生活任務,舉凡持湯匙吃飯、穿襪子、擦桌子等,皆是練習精細操作、粗大動作、協調控制、執行功能、問題解決能力等的好機會,且孩子參與程度愈多,愈可以建立成就感及生活獨立性,亦有助於未來入校的適應能力。但,這世代的生活節奏快,許多大人在孩子面對困難時,急於出手協助,那麼孩子的練習機會便少了很多,此外依賴性更是悄悄地養成。

　　「那……該如何協助孩子呢?」建議大人在提供協助前,先多多觀察孩子嘗試過的方式為何、卡住的點在哪,以口語鼓勵及陪伴,延續孩子重複嘗試的動機及挫折忍受度,倘若仍卡關再逐步提供協助。而協助的時機點、協助的量、協助的技巧可參考本書中統整的策略應用及居家遊戲,希望能協助陪伴孩子成長的大人們,一同從做中學、從玩中培養基礎能力。

　　萬分感謝這次的機會,與多位有經驗的兒童職能治療師共同策劃、出版本書,濃縮了大夥兒的臨床實務精華。生活中的小事,也是最重要的事,期待這本書能盡點小小的力量,幫助到需要的人。

安頓自己，相信孩子，享受陪伴

文 | **林郁婷** · 兒童職能治療師

想要跟翻閱此書的你說：「安頓自己，相信孩子，享受陪伴。」

從呱呱落地，我們便不斷發展和堆疊著不同的人生角色。不同的角色轉變和體驗，雖讓生活更加有滋有味，卻也容易讓人感到徬徨無助。尤其是身為父母、照顧或教養擔當者，面對著眼前的半獸人（或一群），實在是又愛又氣。有時候愈著急不解，孩子行為反而愈發不可收拾，我們也就愈容易感到挫敗和自我懷疑。

給身為「家長」的你——

在翻開本書的現在，你或許已經試過許多方式但始終遭遇瓶頸，本書透過食、衣、玩、學、行、其他的分類，針對生活中常見的狀況，幫助你更加完整地了解孩子的發展，和那些藏在行為和情緒背後的原因。

給身為「老師」的你——

透過深入淺出的專業知識分享，期待能夠幫助老師更有信心在教學時面對不同發展狀況的孩子。孩子都喜歡被誇讚，需

要我們思考那些故意或不適當的行為是求救訊號還是大人的標準所致？先深呼吸、觀察、調整方式，給孩子更多的耐心、關愛和接納。大人先改變，才能看到孩子的蛻變。

給「你自己」——

本書沒有寫，但我衷心希望你知道：凡事先照顧好自己，重視自己的需求，不只是因為孩子和旁人能從中受惠，更是因為你永遠值得！

教養方法本就會隨著不同的家庭、環境和標準而不同。只要本著初心，保持開放彈性，不要過於比較逼迫甚至審問自己，因為，我們不是完人，請記得永遠要先疼惜自己。

最後，很開心能和志同道合的職能治療師們一起書寫！也謝謝在職能治療師的道路上，信任我陪同過關斬將的孩子和家長們，以及在走入校園提供專業團隊服務時，用心討論調整、散發光熱的老師們，還有謝謝這一路走來的自己，舉步維艱時仍堅定自己的價值，選擇良善溫暖。

我很珍惜，現在也給拾起此書的您一樣的祝福和鼓勵。

參與日常生活，
促進孩子基礎能力的發展

　　身為兒童職能治療師，在醫療院所或居家執行治療時，家長常問及生活瑣事中面臨的大大小小育兒困擾，而這些困擾都圍繞著真實生活，包含食、衣、住、行、學、玩等。隨著孩子慢慢成長、獨立，生活自理的課題顯得重要許多，例如：能不能適當使用餐具，自己吃完一頓飯；會不會區辨衣服正反面，獨立穿好衣服，且微調拉整平順；會不會自己把毛巾擰乾，把臉擦乾淨等。每個任務都包含了許多環節，當孩子無法順利完成任務時，大人有時會心急地及時出手，幫孩子做完。這樣不僅使孩子少了實際練習的機會，也可能易使孩子過度依賴大人。

　　我們常說「從做中學」，其實「參與日常生活」就可以促進許多基礎能力的發展，當面臨困難時，或許我們適時地給孩子一些小撇步，他就可以獨立做好。當孩子知道自己也做的到後，自信心自然會提升，學習的動機當然也就跟著提升。而在給予適當的提示前，大人需要先理解孩子目前的問題為何？本書統整歸納了可能發生的原因，並協助大人判斷孩子的狀態，再提供適當的協助建議，期待與您一同克服日常生活的困境。

生活各項職能有助兒童發展

上述生活中經常發生的狀況，如果大人只以看到的結果去處理，而不瞭解背後的成因，不僅改善效果不佳還會反覆發生，讓人耐心盡失頭大抓狂，最後演變成親子間的衝突和張力來源。像是：對靜不下來的孩子，如果只施以規勸或打罵教育，而不了解其實是孩子的大腦對於「動」的需求還沒被滿足，就無法從根本上去辨識孩子的差異。如此，便不會注意到要安排足夠的運動行程在生活中，孩子衝動的狀況也就治標不治本。

本書的職能治療師們，將協助您：「在引導孩子前，先充權自己。」

針對家長最常詢問的：為什麼孩子總是教不會，軟的硬的都試了，還是一再發生？孩子到底怎麼了？該怎麼做？或是教育第一線老師頭痛的問題，包括：該怎麼引導學習狀態不同孩子？處理策略上該怎麼調整？該如何促進孩子在團體生活中的表現？等。

我們以專業的兒童發展角度，融合感覺統合架構，以生活情境出發，搭配深入淺出的方式解說各種教養中常見困擾。協助家長和老師先看懂孩子，確實找出原因，事半功倍地將問題迎刃而解。

居家遊戲方案，從玩中學動機 UP

　　書中除了針對孩子的行為提出處理策略外，也提供居家遊戲方案讓照顧者參考，對於小孩來説最重要的職能便是「遊戲」，在成長的過程中透過「玩」來探索以及學習新的技能與知識。另外，在學習過程中「動機」十分重要，主動且自發的參與，大腦才會發揮最大的能量來整合以及吸收，主動解決問題或是迎接挑戰會比被動的輸入效果好非常多。透過居家遊戲，在重複單純的練習加上更多的趣味及挑戰，對於孩子而言也更能夠接受或是更感興趣。

　　居家遊戲除了讓孩子更有動機之外，也可以讓親子之間有更深的連結，每週的遊戲時間就像是親子之間的特殊時光，沒有 3C 以及其他事物的干擾，大人認真地觀察孩子的進步或是困難，一步一步慢慢引導或是加深難度，小孩也會從中感受到關愛與溫暖而更加努力嘗試。

　　居家遊戲中除了步驟教學外，也提供難度調整的建議，大人在嘗試的過程中也可以依照小孩的狀況給予不同的難度挑戰，在陪伴期間盡量多鼓勵少批判，陪伴孩子勇敢進行每一個嘗試，相信除了能力的進步外，在情感的連結上也會更加深！

玩‧學，注意重點

本系列書籍設計結構：生活能力的 6 大向度。

　　在第二冊中，銜接上冊「食、衣、行與其他」四大生活面向，本書將著重於「玩、學」。孩子日常遊玩中可能出現的行為或社交問題，以及學習生活中，家長最擔心的注意力、書寫等學習問題，並將我們在臨床中經常遇到的狀況與家長的困擾分門別類，以兒童發展觀點與兒童職能治療理論為基礎，帶領家長了解各項狀況背後可能的成因與各個年齡階段需要注意的重點，以釐清確切原因進而對症下藥。

　　此外，並在每篇主題的最後提供居家容易執行的活動方案，將孩子各項問題中的能力要素轉化為遊戲形式，幫助家長在家也可以輕鬆帶領孩子在玩中成長。

親子遊戲：物品擺放王
P.162

親子遊戲：衝浪的孩子
P.107

親子遊戲：魔鏡遊戲
P.41

遊戲行為

玩遊戲也有大學問?! 若沒有好好重視，可能影響孩子的人際與情緒發展，本單元整理出 15 個孩子在動靜態遊戲時常見的行為困擾，針對動態遊戲的人際距離、等待規則、過嗨的衝動行為、特別害怕赤腳或具速度性的遊具與靜態的拼圖、摺紙困難等等，提供對應的改善方案。

親子遊戲：方格畫禮物
P.195

學習行為

容易分心、坐不住、有聽沒到常發呆？寫字忽大忽小、下筆力道太輕太重或是不會用橡皮擦？本單元整理了 15 個日常最讓家長頭痛的學習與書寫的狀況，分析問題背後可能的成因，幫助孩子銜接學習沒煩惱。

閱讀前，先了解感覺統合

　　書中提到的專有名詞，也許對家長與老師較為陌生，因此我們挑出幾項常見的專有名詞做解釋，幫助您後面的閱讀更為順利。

前庭覺

　　頭部在空間中有位置的改變，就會產生前庭刺激。常見有上下、左右、前後和旋轉的跳躍或擺盪。主要功能是維持身體平衡以及偵測身體動態，同時也會影響大腦警醒度，當刺激規律且速度緩和時會有舒服的感覺，像是：規律晃動的搖椅，當刺激有加速度、高度或不規則的晃動，如海盜船或旋轉椅，會給人興奮的刺激感。

警醒度

　　大腦神經系統活絡的程度，讓人能維持在一個清醒的狀態下學習與生活。大腦警醒度低，就會像剛睡醒一樣，對所有事情的接收處理都慢，容易出現動作慢吞吞、反應慢、常發呆的情形；反之警醒度過高，則會讓人對一點風吹草動都感到不適，表現出焦慮、緊張、坐立難安，甚至害怕的狀況。

肌肉張力

　　人體肌肉中有一種內在的彈性張力，在靜止時負責維持肌肉形狀、抵抗地心引力，提供肌肉與關節穩定性，是姿勢維持與動作起始的重要基礎；就像沒有受到外力干擾的橡皮筋仍保有一定的鬆緊度。肌肉張力低會給人一種軟軟沒有力氣的感覺，常伴隨肌力不足或肌耐力不佳的問題，孩子能躺就不想坐、能坐就不想站或走路容易疲累。

本體覺

　　透過肌肉、肌腱、關節的感覺回饋，讓我們可以清楚自己身體的位置、身體處在什麼姿勢下、與周遭環境距離的掌控和做事的力道拿捏，使人能做出一連串流暢的動作。好的本體覺不需要視覺輔助也可以將動作做好，如不需要眼睛看就可以把釦子扣好。若本體覺整合欠佳，則會無法覺察動作上的問題，出現經常碰撞到他人，給人動作笨拙、做事魯莽的感受。

感覺閾值

　　啟動感覺刺激的開關稱為閾值，可想成是一個人對感覺接受的程度。對感覺刺激接受度低的人，大腦會將刺激過度解讀，認為是有害、具威脅性的，因此一點點刺激就受不了，屬於感覺過度敏感型，像是不喜歡他人的碰觸或聽到聲音就害怕；反之對感覺刺激接受度高的人，通常感覺較為遲鈍，屬於高閾值，常常撞到東西或受傷也不知道。

感覺尋求

　　如同活動量大的孩子，喜歡衝、跑或跳的感覺刺激，但是當刺激未被滿足，孩子就會自己想辦法找空間跑來跑去、上衝下跳，無論場所適不適合。可以想成孩子肚子餓，大人給的食物不足，而出現自己找飯吃的行為，像是觸覺尋求的孩子，就喜歡到處東摸西摸，用觸摸探索環境。

重力不安全感

　　對於不平穩、晃動的平面或有高度遊具感到相當害怕，擔心自己會跌倒。通常這類孩子動作相對謹慎，如無法雙腳同時離地跳躍、無法走在窄面積的平衡木上。

手指分離性動作

　　前三指的大拇指、食指和中指負責拿工具，形成操作的角色，而後兩指的無名指和小拇指則扮演著穩定工具的角色，就像是拿牙刷或梳子的動作。一個成熟有效率的抓握，代表著負責穩定和操作的指頭是能協調分離做事的。

身體中線

　　從身體中心畫一條隱形線，將身體區分成左側和右側兩邊，這條線稱為身體中線。一般身體不轉動的狀況下，肢體能輕鬆的跨越身體中線到對側，像是右手去碰左邊的肩膀或拿起左邊的積木。當跨中線出現障礙，會避免做出手伸向對側的動作，而是轉動整個身體來拿東西或直接換手操作，影響慣用手發展與雙側協調發展。

PART 1

玩

遊戲行為

1 玩遊戲總是太大力，嗨起來力道難控制！

□ 經常用力過猛，一不小心用壞玩具。
□ 常常覺得自己很小力，但別人覺得很痛。
□ 常常動作太大，東撞西撞。
□ 常常被形容很粗魯。
□ 丟接球的遊戲很難瞄準。

在公園或是動態遊戲時，小孩常常一個太激動用力過猛或是動作太大，造成一些小糾紛，小時候是大力士但隨著年紀增長愈來愈像無敵破壞王，那可能就需要注意囉！

力氣大跟力道控制經常被混為一談，但其實這是兩件事情。如果搬得動很重的物品，可以靠自己的力量爬高或是推得動很重的傢俱等，真的都是大力士。但是如果是力道過猛，誤判要使用的力氣造成東西損壞或是他人抱怨很痛等，就是控制上需要加強。

原因與影響

① 本體感覺對於身體形象不夠清楚

力道控制與感覺統合中的本體覺息息相關，身體概念指的是人有意識的掌握自己的身體印象，可以在沒有視覺的輔助下，知道自己的身體、關節、肌肉等在空間中大概的位置，例如：可以在不照鏡子的情況下模仿他人的動作，或是知道自己的手伸出去會不會碰到別人等。

此外，力道控制的關鍵在於大腦接收到本體覺訊息與輸入之後，整合以及判斷並輸出剛剛好的力氣；並與距離的判斷相關，先知道身體與空間目標的相關距離後，才能決定力量的多寡。

② 肌肉張力低，已經很努力了但動作看起來像沒吃飯

力道控制也與肌肉的張力有關係。肌肉張力指的是在肌肉放鬆時保有的彈性，就像是沒有受到外力干擾的橡皮筋仍保有一定的鬆緊度一樣。張力比較低的小孩，對於外在本體覺的感受程度也比較不敏感，在力道控制上他可能已經覺得自己很用力了，但還是給別人一種軟軟沒有力氣的感覺。

③ 注意力不集中，沒有察覺到身體的回饋

當小孩情緒高漲注意力較為渙散或是容易分心時，對於身體反應回饋給自己的訊號也容易錯過，忘記把注意力放在自己身上，導致容易出現力道過猛，或是動作小失控的情況發生。

試試這樣做

❤ 嘗試本體覺活動

Point▶ 藉由全身出力來喚醒全身肌群

如果常常做事慢吞吞，或是全身看起來軟趴趴的小孩，可能是因為肌肉張力較低，建議可以多從事全身出力的本體覺活動，如匍匐前進、爬梯子、推重物等需要核心肌群的活動。另外，因會上述些活動所耗費的能量也比較多，所以適要度休息。

用餐行為

穿衣與盥洗行為

日常移動行為

其他生活行為

遊戲行為

學習行為

✅ 身體概念的建立

`Point` 更了解自己身體相對於空間的位置

一開始可以讓小孩利用視覺輔助注意自己現在正在做的事情,也可以利用模仿動作、捉迷藏等遊戲來了解自己的身體相對於空間中的位置。另外,藉由接觸各式各樣不同的刺激、肌膚接觸來經驗,透過不同的動作探索空間並察覺到自己的動作也很重要,公園中的攀爬架也是一個很棒的選擇。

✅ 注意力訓練

`Point` 從事需要全神貫注在身體的運動來提升專注力

如果小孩容易因為情緒高漲而忘記注意自己的身體,則可以利用一些平衡及身體概念需求較大的運動項目來培養,例如:體操、直排輪、跆拳道、舞蹈、滑板等,這些項目比較不會有大量的肢體衝撞,反而需要聚精會神在自己的身體上。另外,需要專注並了解身體概念、力道控制、距離判斷的球類運動也是很不錯的項目,如羽球與桌球、網球、足球也可以依照小孩的興趣以及年齡來挑選。

▲ 需要專注並了解身體概念的球類運動。

親子遊戲這樣玩

① 烏龜賽跑

工具 ● 幾個枕頭或厚棉被

玩法

❶ 請小孩雙膝以及雙手撐地，屁股不要坐下來，保持背部平坦的姿勢。

❷ 大人將枕頭或是折好的棉被放在小孩的背上假裝是龜殼。

❸ 聽到開始後出發，和同儕或是爸媽比賽看看誰比較快到終點，而且沒有讓殼掉下來。

進階

背上的龜殼也可以換成書本或是玩偶、沙包等。

親子遊戲這樣玩

② **動物遊行**

工具 • 寬闊的空間

玩法

請小孩依指令做出相對應的動物姿勢前進。

① **鴨子走**：蹲下，並把兩隻手抓著雙腳腳踝前進。

② **企鵝**：把雙手緊貼身體兩側，站立時把雙腳腳尖翹起來，
只剩下腳跟觸碰地板前進。

③ **大熊走**：雙手雙腳稱地但膝蓋不落地，屁股翹高的方式前
進。

④ **小蛇爬**：趴在地上，腹部貼地不可以離開，雙腳併攏利用
手以及軀幹蠕動的方式前進。

進階

也可以討論看看其他動物的走路方式呦！

④ 推杯子

工具
● 平坦的地面或是桌子
● 1 卷有顏色的易粘膠帶
● 2 個塑膠杯
● 少許沙子／豆類／米

玩法

❶ 在桌面或是地板貼上起始線及終止線。

❷ 在杯內裝入大約 1/3 高的沙子或是豆類或是米，讓杯子有些許重量不易翻倒。

❸ 大人小孩輪流推杯子，比賽看看誰的杯子更更靠近終止線！

③ 魔鏡遊戲

玩法

❶ 用大人與小孩面對面，請小孩模仿大人的動作，愈像愈好。

❷ 請小孩把眼睛閉起來，由大人描述自己的動作，並請小孩做出來，如：把兩隻手放在肩膀上然後把嘴巴打開。

❸ 最後張開眼睛後看看兩個人的動作有沒有一樣。

進階

也可以請大人將眼睛閉起來，由孩子描述自己的動作，並請大人做出來。

41

用餐行為

穿衣與盥洗行為

日常移動行為

其他生活行為

遊戲行為

學習行為

2 玩遊戲時難以與他人保持距離，容易起衝突！

☐ 常常動作太大，東撞西撞。
☐ 被他人告知碰撞到時總是否認。
☐ 在排隊的情境中總是很心急想要往前。
☐ 走路時手很愛東摸西摸。
☐ 衣物常常穿反或是歪歪的但不自知。

　　在一群小孩遊戲時，容易因為距離的拿捏不當而有一些肢體碰觸但自己不知道，這時候與他人就很容易有一些小矛盾的產生，這到底是太熱情呢？還是感覺太遲鈍？

　　保持適當距離這件事情對於小孩而言很抽象，尤其學齡前的小孩對於長度的概念較為薄弱，在遊戲中經常會發生一些小碰撞。有些小孩總是被他人抱怨很粗魯或是會撞到人，但本人總是常常否認，這樣的狀況不一定是小孩不敢承認呦！而是在感覺的部分真的沒有察覺到。

▲ 常常動作太大，東撞西撞。

42

原因與影響

❶ 本體感覺身體形象不夠清楚

請參見上篇「玩遊戲總是太大力，嗨起來力道難控制」的說明。

❷ 感覺遲鈍，沒有意識有碰到別人

感覺遲鈍的小孩需要較為強烈的刺激才會意識到，因為很難意識到這些刺激所以有些小孩則會主動尋找刺激，進而容易出些東摸西摸等的情況發生。

❸ 活動量大，衝動性高

有的小孩在遊戲時會因為興奮且動機強烈導致情緒較為高漲，雖然理智上知道要等待排隊，但身體動作總是忍不住比腦袋還快，因而出現推擠或是不小心碰撞等行為，在大人身上其實常常也可以觀察到。

試試這樣做

✅ 將距離感具體化

Point ▶ 讓小孩理解確切距離觀念

前面有說到長度的概念對於小孩來說還太抽象，「保持距離」四個字也是，因此我們需要把這個概念盡量視覺化、具體化，如排隊的時候身體不可以碰到、與前面的人維持一隻手的距離等。除了口頭告知外也要實際示範一次，讓小孩知道什麼是不會碰到、什麼是一隻手的長度。

用餐行為

穿衣與盥洗行為

日常移動行為

其他生活行為

遊戲行為

學習行為

✅ 提醒小孩利用其他感覺輔助

`Point` 使用其他感覺強化

感覺遲鈍的小孩容易忽略很多刺激導致常東撞西撞，可以適時的提醒孩子先用眼睛觀察、測量，利用視覺輔助讓自己注意到動作的幅度。

✅ 啟動大腦思考抑制衝動

`Point` 放慢節奏讓大腦冷卻

衝動的部分需要大量的練習，與其告訴小孩等一下該注意的點，不如讓他主動思考。如在玩動態遊戲或是較容易亢奮的活動前，可以讓小孩主動想想，等下要注意哪些事情，還有最重要的可以多問一句「為什麼？」確保小孩不是機器人般的反射回答，而且通常自己說出來的注意事項也比較會遵守唷！

✅ 適時的暫停活動

`Point` 藉由暫停重新歸零，整理好再開始

有時候小孩真的太亢奮時容易把所有的事情拋諸腦後，藉由適時地打斷遊戲，或是靠近小孩拍拍他的肩膀，讓小孩的大腦啟動思考，也可以重新把情緒拉回比較穩定的狀態。

✅ 建立小默契

`Point` 吸引小孩的注意力並且引發思考

直接的口語提醒反而容易被忽略，一些小暗號反而可以讓小孩被提示現在要注意什麼？運用暗號的方式可以讓小孩注意到大人，觀察到動作後啟動思考，如這是什麼意思呢？例如：比手掌代表要記得維持距離、指向肚子代表提示孩子的肚子碰到別人等。

親子遊戲這樣玩

① 百寶袋

工具
- 1 個帆布袋或束口袋
- 1 把鑰匙
- 1 支湯匙
- 1 雙筷子
- 1 個杯子
- 或是常見的日常用品

玩法

① 將所有的物品先擺放出來，請小孩一一放入袋子中並束起來。

② 由大人出題，請小孩在蒙眼的狀況拿出指定的物品。

進階

依照物品數量的不同，愈多愈難，或是觸感愈相似的東西愈難，如衛生紙跟絲巾、小叉子跟小湯匙等。

② 重量估估看

工具
- 數個不透明紙杯
- 1 塊黏土或是豆類
- 動力沙
- 一些DM紙或報紙

玩法

① 將黏土或是豆類／動力沙等分別倒入兩個杯子中，每個杯子倒入的量要不一樣，最後用 DM 紙把杯口封起來。

② 請小孩拿拿看，說出哪一個比較重。

進階

熟悉遊戲後可以將杯子的數量增加，或是把每一杯的差距變小，讓小孩從最重排到最輕。

用餐行為

穿衣與盥洗行為

日常移動行為

其他生活行為

遊戲行為

學習行為

親子遊戲這樣玩

③ 夜市丟球球

工具
- 數個紙杯或塑膠杯
- 1 盒彩色筆
- 1 卷膠帶
- 數個乒乓球
- 數個地墊

玩法

1. 利用彩色筆在紙杯或塑膠杯上做記號，不同顏色代表的分數不同，如紅色是 2 分、綠色是 1 分。

2. 將杯子放在地上，如果不穩可以稍微用膠帶固定。

3. 將地墊排在 1 公尺左右的地方，請小孩站在地墊上，不能超線，並想辦法將乒乓球彈入杯子中。

進階

若有手足或是同儕可以比賽看看誰分數最高呦！

Tips 遊戲中如果小孩適應距離差不多抓到力道後，可以改變距離，利用變換距離讓小孩感受其中的差異。

3 超討厭打赤腳，走在沙灘／草地超崩潰！

- ☐ 不喜歡踩在非光滑表面，如沙灘、地墊、草地、小石子路。
- ☐ 不喜歡踩到濕濕的地板，洗澡時總是踮腳尖。
- ☐ 非常愛乾淨，不能忍受身上有濕濕或是黏黏的感覺。
- ☐ 不喜歡用手抓食物吃飯。
- ☐ 去到陌生環境容易緊張，需要一些時間適應。

　　天氣晴朗時家長總會帶著小孩到戶外走走，享受草地跟海浪，但小孩總是避之唯恐不及，不願意赤腳踩上去，有時甚至像無尾熊一樣黏在大人身上，這樣的崩潰場面是不是似曾相見呢？

　　不知道大家有沒有看過網路上一些帶小小孩去草地或是沙灘的影片，為了不碰到地面小孩們核心肌力大爆發，一放下去就像彈簧一樣打開，除了沒碰過會害怕緊張外，還有可能是以下幾個原因。

原因與影響

❶ 覺得「髒髒」

　　因為目前大部分的人在家裡都要脫鞋，但走到戶外都要穿鞋，如果沒有穿就跑出去，大人總會以「這樣會髒髒不可以」來告知小孩。

用餐行為

穿衣與盥洗行為

日常移動行為

其他生活行為

遊戲行為

學習行為

認知發展上，小孩可能還分不清楚這樣為什麼是髒髒，所以將類似戶外的地板、非光滑表面的地板等都認知為是髒髒的，因此到公園或是沙灘時反而較難接受赤腳。

❷ 經驗不足，大腦裡沒有這種觸感的資料庫

現今的生活環境較難有機會接觸具有顆粒感的大自然地面，大部分小孩是行走在光滑平面，若在戶外也會穿著球鞋，所以對於不同觸感的經驗是比較少的。對於氣質比較謹慎或是焦慮型的小孩，面對未知的事物需要較多的時間適應，同時需辨別沒有危險性，才能放心的玩。

❸ 觸覺較敏感引起的保護機制

每個人解讀觸覺刺激的強度不同，如草地有的人覺得癢癢，但有的人卻覺得很刺、不舒服，除了個體差異，也與當天的心情跟狀態有很大的關係。對於部分小孩而言，腳掌可能特別敏感，因此對於地面的不同會有很強烈的感覺，進而排斥靠近。

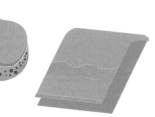

試試這樣做

✔ 拓展感覺視窗

Point 平常可多增加不同的感覺經驗

日常生活中可以在安全的環境下讓小孩體驗各式各樣不同的觸感，如材質不同的地墊、巧拼，或是摸摸不同的物體，如聖誕樹、菜瓜布、柔軟的毛巾等，除了是增加經驗也是讓小孩習慣嘗試不同的事物。

✅ 循序漸進的引導

Point ➤ 減少刺激強度,降低焦慮程度

在小孩感到害怕抗拒時可以慢慢的引導,例如:先穿上襪子降低刺激,先坐在椅子上或大人的腿上,減少接觸的面積,或是先使用工具去接觸地面,如玩沙的工具組、玩踢球等,在遊戲過程中會小面積的接觸到皮膚,等小孩情緒較為平穩後再慢慢增加接觸的皮膚面積。

✅ 避免「髒髒」與否定連結

Point ➤ 給予正確因果關係避免解讀錯誤

在小孩年紀比較小的時候,為了讓小孩聽懂大人的指令,而容易較為簡略地告知髒髒所以不可以打赤腳,導致小孩對於髒髒的概念有所誤解進而排斥赤腳。不妨試著在告知不可以弄髒的同時帶著小孩檢查腳底「是否黑黑」,所以才需先洗腳再踩進家裡,盡量降低否定的語氣,以避免小孩繼續解讀錯誤。

✅ 先觀察別人的遊戲

Point ➤ 放慢速度,藉由觀察將地防備心

若小孩真的很抗拒連一點點都不想碰到地,不妨試著先讓小孩站在旁邊觀察其他人怎麼玩,給予一點時間降低防備心,觀察一下若是心情較為平復,再試著加入同儕。

用餐行為

穿衣與盥洗行為

日常移動行為

其他生活行為

遊戲行為

學習行為

親子遊戲這樣玩

① 觸覺天堂路

工具
● 數張報紙或比較薄的廣告紙
● 1 瓶保麗龍膠
● 數塊洗車海綿
● 數個不同觸感的地墊／巧拼
● 些許樹葉
● 1 個淺紙箱

玩法

❶ **報紙步道**：將報紙或是廣告單揉成球，利用保麗龍膠貼在巧拼上。

❷ **海綿步道**：將洗車海綿剪成數個不規則的小塊，利用保麗龍膠貼在巧拼上。

❸ **樹葉步道**：將樹葉貼滿巧拼，或是將樹葉裝滿箱子。

❹ 將這些地墊或是巧拼墊拼在小孩的遊戲區，讓他在上面遊戲或是玩球等。

Tips 若是孩子太害怕也可以先穿著襪子。

② 大藝術家

工具
- 1 組手指膏或是印台
- 4 張全開海報紙數張
- 些許畫畫的工具
  （如畫筆、印章、海綿）

玩法

❶ 將全開海報紙黏起來拼成大大的地墊放在地上。

❷ 鼓勵小孩利用手指膏或是印台在紙上作畫，除了手掌之外也可以用腳去沾取顏料走處路線喔！

> **Tips** 手指膏ＤＩＹ
> ・需要玉米粉或是太白粉、水、糖、食用色素。
> ・粉類與水的比例約為 1：4，將玉米粉、水以及 1 小匙糖加入鍋中加熱並持續攪拌至半透明黏稠狀，若覺得太稠可以多加一些水。分成數個容器放涼（看想要幾種顏色），加入食用色素或是具有顏色的果汁攪拌均勻即可！

③ 黏土大腳怪

工具
- 1 盒治療性黏土或運動黏土或一般黏土

玩法

❶ 請小孩將黏土揉成團，並用全身的力氣把黏土球壓成如披薩一樣扁扁的圓形。

❷ 請小孩把自己的腳踩上去，用力踩出一個大腳印！

進階

親子同樂也可以讓小孩猜猜看是誰的腳印！

> **Tips** 治療性黏土或是運動黏土因為具有不同的硬度及不會乾掉的特性比較好清潔以及應用，如果沒有可使用一般黏土替代。

用餐行為

穿衣與盥洗行為

日常移動行為

其他生活行為

遊戲行為

學習行為

4 孩子喜歡尋找刺激，愈高愈想爬！

- ☐ 喜歡具有速度且刺激的遊戲。
- ☐ 總喜歡往高處爬。
- ☐ 享受爬高往下跳的刺激感。
- ☐ 喜歡盪鞦韆或是搭乘手扶梯。

　　隨著年齡增長，小孩的動作愈來愈成熟，對於空間探索的動機也變得強烈，但小孩總是喜歡往高處爬，不知道危險，到底是享受刺激感還是需要哪些方法引導呢？

　　孩子幾歲才會對於高度有危機意識？其實小孩在 6 個月大左右就會發展出深度覺，也就是可以看得出來高低的落差，但是要發展到 4 歲才能跟大人一樣精準的判斷出高低落差的危險性。1 歲半過後的小孩，因為粗大動作的發展對於空間探索的動機增加，舉凡是可以爬的、可以鑽的都會想要試試看，但如果到了中大班仍對於高度以及刺激感有強烈的動機，有可能是以下這幾個原因。

原因與影響

❶ 好奇高處的東西

　　有時候大人為了安全起見，會把不能讓孩子碰到的東西放在高處，從孩子的視角來看，高處就是一個神秘的寶藏區，所有不能碰的東西都在那裡，所以只要趁大人不注意就會想要一探究竟，使得櫃子、架子等又高又可以爬的地方有著強烈的吸引力。

❷ 尋求前庭覺刺激

當小孩爬到高處時，在高處的感覺會給予強烈的前庭刺激，往下跳產生的速度感更是強烈，以大人來說像是：高空彈跳、雲霄飛車、海盜船等的遊樂設施或是極限運動也是。在開始接觸到的時候會很興奮、新鮮，小孩就會想要一直嘗試。

❸ 前庭刺激感覺不敏感

有的小孩對於前庭刺激感覺不敏感，就像試吃不飽會找東西吃一樣，小孩會不斷地去尋求更多的前庭刺激或是更加強烈的感覺，在這過程中感受前庭刺激的興奮與快樂。

試試這樣做

✔ 安全的環境

> **Point** 在安全環境下滿足前庭需求

若小孩正處於需要爬高尋求刺激的年齡，可將家中遊戲區鋪上軟墊或是到安全的公園及育兒中心等，藉由攀爬架或是遊具等來滿足前庭感覺需求。

✔ 明確建立區域

> **Point** 建立區域觀念，了解為什麼？

爬高對於小孩動作及智能發展好處多多，但要非常明確制定範圍，讓小孩可以清楚地知道哪裡可以爬、哪裡不行，如只有在家中遊戲區可以，出房間後是不可以的，且引導小孩了解危險性，如果發現小孩在制定範圍外攀爬要馬上制止，模棱兩可的態度反而會讓小孩混淆。

用餐行為

穿衣與盥洗行為

日常移動行為

其他生活行為

遊戲行為

學習行為

✅ 不厭其煩地看護，讓小孩思考危險性

Point 小孩思考過後較能遵守

小孩開始會爬高之後大人總是壓力很大，初期在建立安全區域及危險意識時會比較辛苦，需要大人隨時看著，不厭其煩地建立規則，一旦小孩清楚了解界線及需要詢問後就會比較輕鬆囉！如帶小孩到新鮮環境後，可以先跟小孩討論怎樣玩才安全，請小孩想想看告訴你，再讓小孩開始遊戲，透過讓小孩自行思考的效果會比一直耳提面命好很多。

✅ 多樣化的前庭刺激

Point 體驗不同的遊戲，了解不是只有爬高

前庭覺刺激的來源不只有爬高一種遊戲，可以讓孩子體驗各種不同的活動，如盪鞦韆、溜滑梯、滑步車、滑斜坡等遊戲都可以滿足需求。

✅ 利用本體覺活動減緩需求或是興奮

Point 藉由全身出力來整合感覺需求

全身用力的本體覺活動可以調整過度的需求，或鎮定因前庭覺刺激所帶來的興奮感，像是跟大人站著互推比力氣、吊單槓或是拿重物等，都可以緩和過度興奮的狀態。

親子遊戲這樣玩

① 雙人搖籃

工具 ● 輕快兒歌

玩法

① 與小孩面對面坐下，雙腳互頂（腳掌對腳掌）雙手互拉牽手。

② 當小孩身體後仰時大人則往前，當大人往後時則小孩往前，像搖籃一樣前後搖擺。

③ 隨著音樂的節奏前後搖擺。

進階

速度快慢可由大人先控制，也可加入左右的搖擺。

親子遊戲這樣玩

② **頭暈轉向保齡球**

工具
- ●10 個寶特瓶或家中保齡球玩具
- ●1 個呼拉圈或 4 塊巧拼墊
- ●1 顆皮球

玩法

❶ 請小孩將寶特瓶或是球瓶擺好，成正三角形，並在距離
約 1.5 公尺處擺上呼拉圈或 2X2 的巧拼墊。

❷ 手上拿皮球在呼拉圈（或 2X2 巧拼墊）上原地轉大約
3～5 圈。

❸ 轉圈後想辦法將球往前滾，看看誰比較厲害可以倒比較
多的球瓶。

Tips 若小孩年齡較小或是平衡感較不佳，在轉圈時需
要大人從旁協助避免危險，另外若小孩很習慣則
可增加轉圈次數。

③ 我是跳跳虎

工具
● 不同顏色的巧拼墊
● 1 張椅子

玩法

① 在地上放置不同顏色的巧拼墊，像跳房子一樣，讓小孩練習開合跳或是單腳跳。

② 在小孩熟悉遊戲後，也可限制顏色，如不可以碰到紅色的地墊，並請小孩開始往前跳。

進階

除了往前跳外，也可利用堅固的椅子或是桌子當作支撐點，讓小孩雙手撐在椅子上，雙腳同時向左向右跳。

用餐行為

穿衣與盥洗行為

日常移動行為

其他生活行為

遊戲行為

學習行為

5 不敢雙腳跳，腳會一直黏在地上或呈跨步！

□ 跳起時，身體向上，但腳黏在地上。

□ 雙腳跳多呈跨步，腳不敢同時離地。

□ 配合大人指令「蹲～蹲～跳！」蹲到底，跳不起來，看起來屁股很重。

□ 配合大人指令引導時，完全不敢有任何跳起的動作，頻頻說「怕怕……」。

　　孩子從爬行、站立、慢慢走，再到咚咚咚的跑步，走著不穩的步伐，想去哪就要去哪，誰也攔不住，可愛調皮的很。但不少大人觀察到，怎麼接下來的跳躍能力，無論是原地跳還是往前跳，孩子好像都無法順利跳起，明明非常活潑且活力充沛的呀！您的孩子有以下的狀況嗎？

原因與影響

❶ 下肢肌耐力及上下肢協調欠佳

　　之前疫情緊張期間，多數孩子都在家裡遊戲，鮮少外出，但家裡的空間有限，大動作的練習因為環境因素而受限，使孩子的動作發展亦稍有延遲的現象。此外，多數家庭會擔心遭鄰居抱怨，而禁止在家跳躍，在練習機會較少的狀況下，孩子的下肢肌耐力及上下肢協調能力常無法適當被增強，導致跳躍能力一直學不起來。

❷ 重力不安全感讓孩子害怕

重力不安全感是前庭系統的過度反應，對於不平穩、晃動的平面，或高處會有巨大的恐懼，非常害怕自己會跌倒。跳躍時，雙腳離地而產生的重力不安全感，讓孩子只想把腳黏在地上，確保自己不會跌倒。

❸ 尚未理解跳躍的連續動作如何執行

跳躍的連續動作包含：微屈膝、腳用力蹬、躍起、落地站穩，若少一個步驟，即無法順暢完成跳躍任務。當孩子不熟悉連續動作步驟為何時，經常不清楚自己哪裡做不對了而導致跳躍失敗，頻頻失誤也會造成挫敗感。

試試這樣做

✔ 以口語及肢體提示強調跳躍步驟

Point▸ 理解分步驟，更有效地執行連續動作

「蹲～蹲～跳！」通常我們是這樣引導孩子的，但許多孩子會以為真的蹲下去，就會像青蛙跳，因此需待下肢肌耐力更好時才有辦法執行，對於剛學習跳躍的孩子，較不適合。至於「蹲～蹲～」這個口語指令，只要微屈膝即可；為了加強連續步驟的連貫性，孩子一做出微屈膝時，大人立即「跳！」且以肢體提示將孩子向上帶起，整個連續過程毫不猶豫，強化對跳躍動作的連續性；以相同模式多次反覆練習後，孩子較可記憶跳躍的動作技巧。

用餐行為

穿衣與盥洗行為

日常移動行為

其他生活行為

遊戲行為

學習行為

✅ 提升下肢肌耐力

Point 肌耐力 up up，孩子更容易做出跳躍的動作控制技巧

跳躍的基礎能力，是建構於良好的下肢肌耐力。腳沒力軟軟的、跑步容易累、走路會拖步，都是下肢肌耐力不佳的表徵，建議可透過大肢體遊戲來做加強，大人跟孩子可以一同練習，一起維持運動習慣，增進親子互動，若是大人先懶惰了，孩子也會降低練習的頻率。以下建議提供大人參考：

多去沙灘玩	走草皮斜坡	爬樓梯
行走在沙灘上的阻力及平衡干擾較多，可藉以加強肌耐力及行走平衡。	斜坡行走可加強股四頭肌。另外，草皮較柔軟，若沒力腳軟，孩子比較不容易受傷。	日常生活中以爬樓梯代替電梯，增加下肢練習機會。

✅ 逐漸嘗試不同的跳躍任務

Point 難度分級，漸進式提升挑戰

若無法雙腳離地跳，建議可以先從檻上跳下做練習，如階梯最後一階、花圃邊邊，待孩子理解躍下的動作且可站穩時，再進階到原地跳、向前跳、連續跳、跳過障礙物等。

✅ 降低重力不安全感

Point 減緩孩子恐懼，提升嘗試意願

讓孩子漸進式的嘗試不平穩的平面及不一樣前庭刺激，如行走平衡木、走在枕頭上、坐大球上、盪鞦韆、溜滑梯、溜泰山滑索等，需要注意，切勿操之過急，避免孩子反而更加恐懼。

親子遊戲這樣玩

① 我是不倒翁

工具 ● 跳跳床

玩法

1 請孩子坐在跳床上，提醒孩子要坐穩喔！當個最厲害的不倒翁。

2 大人在跳床上，輕跳、重跳、快跳、慢跳，以不規則的頻率讓孩子漸進式的調適重力不安全感。

進階

若孩子較恐懼，可先以小幅度的晃動為主。

 Tips 若孩子無法承受，即可休息。切勿強迫。

用餐行為

穿衣與盥洗行為

日常移動行為

其他生活行為

遊戲行為

學習行為

親子遊戲這樣玩

② 野生動物園

工具　● 1 組動物圖卡
　　　　● 幾張椅子

玩法

❶ 先與孩子一同定義不同動物的跳法為何，如青蛙跳（蹲姿跳起）、兔子跳（雙手比YA在耳邊、原地跳）、袋鼠跳（向前大步跳）等。

❷ 將椅子排在路線上當障礙物。

❸ 請孩子抽卡片，抽到什麼卡片，就要以該動物的跳法，跳躍繞過椅子障礙物，安全回家。

6 不會或不喜歡拼拼圖！

□ 表現出對拼圖的抗拒或沒興趣。
□ 拼圖需要花很長的時間才能完成。
□ 不知道要如何旋轉拼圖才能順利拼入。
□ 容易混淆相似圖案的拼圖。
□ 已經找到位置卻要嘗試很多次才能順利將拼圖拼入。

　　拼圖是一項依賴孩子視知覺與手部精細動作能力的遊戲，需要用眼睛搜尋、區辨每一片拼圖的輪廓、顏色與細節圖像，並嘗試從所有拼圖中找出顏色或圖像細節的相關性；接著，以視覺完形能力想像拼圖可能的樣貌與每一片拼圖可能的位置，再使用手指抓握拼圖、手腕旋轉比對、雙手協調拼入來完成。若孩子無法勝任上述的各項能力，可能會因此感到挫折而不喜歡拼圖。

原因影響

① 視覺區辨能力不佳，難以分辨拼圖的細節

　　無論是片數少或片數多的拼圖，都需要孩子對於圖像輪廓與細節的區辨能力，才能從多個拼圖的圖像或顏色中找到相關性，並分辨相似的細節。能力不好的孩子，很容易混淆相似細節或色系相仿的圖案，甚至拼錯位置也不容易發現。

用餐行為

穿衣與盥洗行為

日常移動行為

其他生活行為

遊戲行為

學習行為

❷ 視覺搜尋能力較弱，很難從多個拼圖中找到目標

視覺搜尋能力指的是眼睛能在範圍內進行穩定掃視以找到目標的能力，當孩子搜尋能力不佳，在尋找的過程中可能容易跳視、漏掉重要的線索或是需要花很多的時間才能找到目標拼圖或拼板上的位置。

❸ 手指抓握技巧與手腕靈巧度不足

若孩子無法以前三指指腹穩定抓取拼圖，要精準操作拼圖拼入空格可能會相當困難。此外，也可能因為拼的力道控制不佳，而使拼圖滑離空格或破壞已拼好的部分，讓孩子倍感挫折。若孩子的手腕靈巧度不足，則可能無法依據空格方向有效調整手腕，尤其碰到需旋轉方向的拼圖，會需要很長的時間才能完成。

❹ 視動整合能力不佳，難以整合視覺與手部操作

當孩子欲將目標拼圖拼入圖板空格時，需要眼睛看著空格的位置與方向，同時整合手部動作進行調整，才能順利完成。若孩子手眼協調不佳，可能會不知道如何調整以順利拼入空格，或是需要手持拼圖在拼圖板上滑動，靠本體覺與觸覺的回饋才能滑入完成。

❺ 雙手協調不佳，無法一手穩定、一手拼入

當孩子剛開始玩拼圖時，大人可能會準備 2 片式的拼圖讓孩子練習，而孩子可能會以左右直接掰開或靠攏（如右圖上）的方式來拆開或組裝拼圖，這是由於雙手做相同的動作相對容易做到，但成熟的拼圖方式需要由上而下垂直拼入（如右圖下）。因此時常需要一手協助扶持拼板或另一片拼圖，而另一手完成拼入的動作。

不成熟的拼圖動作

NG

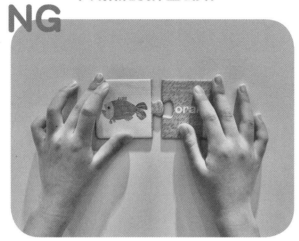

▲ 以靠攏方式組裝。

成熟的拼圖動作

OK

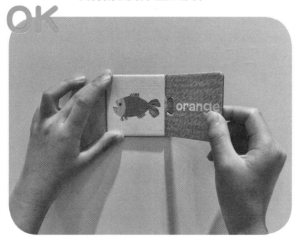

▲ 以一手穩定、一手對掌抓握拼入組裝。

用餐行為

穿衣與盥洗行為

日常移動行為

其他生活行為

遊戲行為

學習行為

試試這樣做

✔ 分齡選擇拼圖類型好重要

Point 拼圖百百種，適齡選擇好玩又好學

市面上的拼圖百百種，該如何幫孩子挑選適合該年紀的拼圖呢？一般來說建議：

6～7個月以上的寶寶

這個階段無法獨立完成，可能仍需大人的協助才能完成。可以開始接觸立體積木型拼圖或是附有握把的單一配對拼圖。

1～2歲的孩子

精細動作發展得更精巧，可以用前三指對掌抓握物品，指尖抓握與手腕的控制也更穩定了。可以選擇簡單幾何形狀、單一配對或沒有凹凸的2片式拼圖。

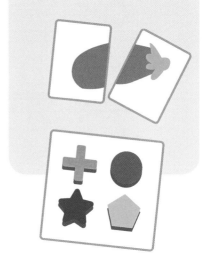

2～3 歲的孩子

隨著語言的進步，認知也有大幅度的提升，也能更穩定區辨圖案，可以開始嘗試 2～6 片具有凹凸的多片式拼圖，或有剪影底版的鑲嵌式拼圖。

3～4 歲的孩子

可以選擇 6～12 片的多片式拼圖，也可以開始嘗試沒有底板的拼圖或具有雙面圖案的拼圖。

4 歲以上的孩子

可以挑戰更為多片、圖案背景更為複雜的拼圖，也可以嘗試立體六面拼圖，增加視覺區辨、視覺記憶與手內旋轉操作的難度。

用餐行為

穿衣與盥洗行為

日常移動行為

其他生活行為

遊戲行為

學習行為

✅ 一次只挑出 1 ～ 2 片請孩子拼回去

Point 引導孩子聚焦觀察空格周圍的圖案

打開拼圖別急著整個倒出來，大人先挑出 1 ～ 2 片，引導孩子觀察細節並嘗試表達之後再拼回，若孩子能輕易完成，則可以逐漸增加挑出來的片數至能整個獨立完成。遇到孩子不會拼或希望能降低難度讓年紀小的孩子一起參與時，也可以使用這個方法調整唷！

✅ 選擇有厚度的拼圖

Point 對於抓握技巧較差的孩子，厚拼圖更耐用好操作

太薄的拼圖即使已經對在一起仍不容易拼上，因此選擇 2 ～ 3mm 厚度的拼圖，孩子比較容易抓握，也比較不會因為多次遊玩而損壞。

▲ 一次只挑出 1 ～ 2 片拼圖請孩子拼回去。

親子遊戲這樣玩

1 貼紙拼拼樂

工具
● 數張大貼紙
● 1 把剪刀
● 1 張白紙

玩法

1. 由大人協助將貼紙剪成一半，並將其中剪下來的一半貼在白紙上。

2. 將剪開的剩餘另一半貼紙打散，放置在桌上。

3. 由家長出題，請孩子找出指定的貼紙的另一半圖案，並拼貼在白紙上。

進階

貼紙數量愈多、剪成愈多部分、圖案愈複雜；色系或細節越相近，則越挑戰孩子的能力。

2 拼圖大亂鬥

工具 ● 2 組大塊拼圖

玩法

1. 將由大人在兩組拼圖中各挑出 10 個拼圖碎片。

2. 將兩組的 10 個拼圖碎片混在一起。

3. 請孩子練習區辨並將拼圖碎片拼回兩組拼圖中。

進階

挑出拼圖數量愈多、圖案愈複雜、色系或細節愈相近，即會提升遊戲的難度。

用餐行為

穿衣與盥洗行為

日常移動行為

其他生活行為

遊戲行為

學習行為

7 摺紙不會對齊！

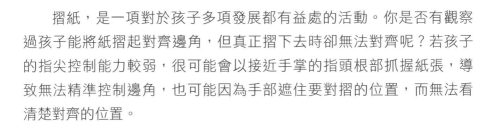

□ 可以摺起紙張，但無法對齊邊角。
□ 不會以指尖抓握欲對摺的紙張。
□ 在摺紙時，看起來動作笨拙、不協調或需要花很多時間。

　　摺紙，是一項對於孩子多項發展都有益處的活動。你是否有觀察過孩子能將紙摺起對齊邊角，但真正摺下去時卻無法對齊呢？若孩子的指尖控制能力較弱，很可能會以接近手掌的指頭根部抓握紙張，導致無法精準控制邊角，也可能因為手部遮住要對摺的位置，而無法看清楚對齊的位置。

原因與影響

❶ 指尖抓握控制不佳，
　　總是以接近手掌的指頭根部或手掌抓握紙張

　　若孩子總是習慣以接近手掌的指頭根部或手掌抓握紙張，代表指尖控制仍不成熟，所以需要手掌來輔助。不過這樣的操作方式會讓孩子難以精準控制紙張，也會因為以手掌握著邊角而難以看清欲對摺的位置，導致摺紙的品質不佳。

❷ 手掌兩側分化能力不佳，操作端與穩定端無法協調合作

手掌手指可以分為前三指（拇指、食指、中指）的「操作端」與後兩指（無名指、小指）的「穩定端」，其中操作端協助精準控制、操作精細的動作，而穩定端提供操作端良好的支持度，若兩側無法好好協調合作、各司其職，會導致整隻手只能一起打開、一起合起，降低精細操作的品質與速度。

❸ 視動整合能力較弱

視覺提供關於紙的位置、邊角方向的資訊，而根據視覺提供的線索整合手部觸覺、本體覺對於邊角位置的資訊，起始手部進行操作，若這個整合能力不成熟，會導致孩子很難將紙張穩定對齊邊角。

▲ 摺紙時，手掌兩側分化能力不佳，操作端與穩定端無法協調合作。

用餐行為

穿衣與盥洗行為

日常移動行為

其他生活行為

遊戲行為

學習行為

試試這樣做

✅ 試試從小方巾開始

Point▶ 對摺布面比起紙張容易，累積成功經驗

一開始可以從摺小方巾或紗布巾練習，布面比起紙張不需要太多的力量來壓出摺線，只需要把邊角對齊，就能摺出不錯的成果，對於剛開始練習的孩子較為友善，累積成功經驗之後可以再替換紙張來練習。

✅ 幫助孩子先摺出摺線或是畫出虛線輔助

Point▶ 以摺線或虛線提供視覺與觸覺的線索

請孩子找到一張紙對摺的位置也許不太容易，家長可以先示範對摺一次、留下摺線，或是直接在紙上以虛線畫出摺線位置，幫助孩子更容易找出對摺的位置。

✅ 搭配摺紙遊戲進行

Point▶ 能摺出造型成果，增加摺紙動機

摺紙練習可以搭配坊間的摺紙書，讓孩子在摺的過程中可以練習觀察步驟，並且最後能摺出一個造型成品，提升孩子參與摺紙的動機。若孩子看 2D 平面範例上有困難，大人可以在旁先示範，一次摺一個步驟，讓孩子模仿跟隨。

親子遊戲這樣玩

① 彩虹對對角

工具
● 1 張白紙
● 數支彩色筆

玩法

❶ 大人可以先將紙摺一摺、造型，並用不同顏色的色筆描下邊角形狀。

❷ 邀請孩子嘗試摺出指定邊角。如：請摺出紅色邊角（下圖左）、請摺出黑色邊角（下圖右）

 摺出紅色邊角    摺出黑色邊角

進階

待孩子可以摺出簡單的邊角後，可以增加邊角的數量。

② 毛巾饅頭

工具 ● 1 條毛巾或紗布巾

玩法

❶ 先將毛巾從短邊對摺兩次，注意邊角要對齊。

❷ 再將毛巾從一側捲起變成饅頭。

❸ 好吃的毛巾饅頭就出爐啦！

進階

以單手捲饅頭，或選擇較長的毛巾可以增加操作難度。

 Tips 洗澡也能玩的對摺遊戲，讓對摺更有趣。

用餐行為

穿衣與盥洗行為

日常移動行為

其他生活行為

遊戲行為

學習行為

8 總是不自己收拾玩具。

□ 不願意自己收拾玩具,總要大人幫忙才甘願。
□ 三催四請也不收,一定要威脅丟掉才會行動。
□ 沒有主動收玩具的習慣。

「快把玩具收起來!」、「數到三,再不收起來我就把玩具拿去丟掉!」看到以上的對話,是否腦海已浮現相似情景?這齣戲碼三天兩頭上演一次,是否常讓家長感到苦惱呢?

收玩具對於孩子有相當多的益處,在收拾的過程中需要用到很多的認知能力與視覺注意力,例如:串珠的線要放在哪裡才不會找不到?這個造型積木屬於哪一組積木組合?怎麼收車子才能都整齊的放進櫃子裡?扁的盒子要平放還是立放?這些能力看似簡單,其實都是孩子未來問題解決與認知推理的基礎,從小開始要求孩子自己收玩具,更能培養認知專注力、建立好習慣。

原因與影響

❶ 還想繼續玩,所以不願意收拾

有時孩子不願意收拾是因為還想繼續玩,因此當聽到要「收起來」就一秒斷線,以強烈情緒反應來表達還想要玩的訴求。

❷ 不理解收玩具的原因

　　對孩子而言，明天還要玩的玩具為什麼一定要收起來呢？想時時刻刻看到心愛的玩具為什麼不可以呢？收玩具又累又麻煩，因此很難自發性地想要將玩具收拾乾淨。

❸ 玩具沒有固定的家

　　若玩具沒有依「類別」收納在置物櫃，或沒有收納回原本的紙盒中，孩子很難得知玩具應收納的位置，會增加收玩具的難度。此外，因為全部都混雜在一起，很難發現零件、配件與內容物短缺，也就不容易教導孩子愛惜自己物品及收納的重要性。

❹ 沒有養成收玩具的習慣

　　有些孩子在提醒下可以收拾玩具，但很難自動自發地執行，這可能是由於尚未建立「自己玩的玩具，必須自己收拾乾淨」的習慣，也可能是因為大人幫忙太多，導致孩子認為收玩具是爸媽的事，自己不需要負責。

試試這樣做

☑ 分門別類或保留玩具紙盒收納

Point ▸ 透明盒子一目瞭然、搭配照片更清楚

　　希望孩子養成收拾的習慣之前，需要先教導孩子「如何收」。可以用玩法、形狀、大小或顏色分類，並以尺寸一致的透明收納盒或是原本的玩具盒進行收納，讓孩子在自己整理時能一目瞭然。大一點的孩子可以邀請參與討論分類的方式，一方面孩子會更記得玩具收納的位置，

用餐行為

穿衣與盥洗行為

日常移動行為

其他生活行為

遊戲行為

學習行為

另一方面也讓孩子明白這是自己該負起的責任。至於年齡較小的孩子，大人可以將玩具擺放的位置拍攝後列印，貼在該層櫃子上，提供視覺線索讓孩子明白玩具該收納的位置。

✅ 要求收拾前 10 分鐘先預告

Point 心裡有準備，比較能接受

如果總在孩子玩得正盡興時要求立刻收拾，很容易會有抗拒的情形。因此，在要求孩子收玩具的前 10 ～ 15 分鐘進行預告，除了讓孩子有心理預備要結束遊戲之外，也提醒孩子必須收拾妥善，才不會下次想玩的時候找不到或是散落的零件被當作垃圾丟棄。

✅ 讓收拾變遊戲

Point 多一點引導與巧思，收拾也可以很有趣

當孩子認定收玩具是一件苦差事，當然就缺乏動機參與，因此家長可以加入一些有趣的變化，讓收拾變有趣。例如：加入競爭性、比賽誰先收完就獲勝；把玩具的盒子放高、放遠，設置一些障礙讓孩子必須通過才能收進去，藉此鼓勵來回收拾，既運動到又充滿樂趣。或者依據玩具特性加入工具操作，如用湯匙將小球舀進袋子、用衣夾將拼圖夾進盒子、用鑷子將串珠夾入盒中等；或是規定以腳、腋下、手臂、手背夾玩具歸位的方式都能增加收拾的玩興。

✅ 要求一次玩一樣，收完才有下一樣

Point 養成不把玩具全部灑在地上的習慣

從孩子 1 歲開始，就能從簡單的玩具練習收拾，可以要求一次只能玩一樣，收完一項才能再拿下一樣的方式來培養收玩具的習慣。當孩子養成習慣或是開始有搭配玩具遊玩的需求時，再逐漸開放一次多樣，但最後仍須分類收拾完畢。

親子遊戲這樣玩

① 收拼圖大戰

工具
- 1 盒欲收拾的拼圖
- 數張白紙
- 1 支色筆

玩法

① 大人將拼圖放在房間一側、拼圖板放在另一側。

② 預先在白紙上寫目標動作後摺起並讓孩子抽籤。

③ 孩子必須以目標動作運送拼圖至拼圖板收拾。

④ 拼完即成功！

進階

目標動作參考：

- **大熊爬**：肚子朝下，以手掌與腳掌爬行。
- **蜘蛛爬**：肚子朝上，以手掌與腳掌爬行。
- **匍匐爬**：肚子貼地向前爬行、倒退走。
- **兔子跳**：雙腳併攏前跳。
- **螃蟹走**：以蹲姿側向移行、單腳跳。

用餐行為

穿衣與盥洗行為

日常移動行為

其他生活行為

遊戲行為

學習行為

親子遊戲這樣玩

② 誰是收納王

工具
- 1 張玩具盒收納好的照片
- 1 個透明收納盒
- 各式玩具

玩法

❶ 大人將多項玩具收納進玩具盒,拍照後列印。

❷ 將玩具全數拿出放置在桌面。

❸ 親子輪流計時比賽誰能以最快的速度,將玩具收納成照片的樣子即獲勝!

進階

待孩子習慣收納後,可增加收納的玩具種類及收納盒的數量。

9 溜滑梯好難，為什麼沒辦法順利溜滑梯？

□ 不敢玩溜滑梯。
□ 常常屁股蹬地，跌坐在地上。
□ 溜滑梯過程，容易身體歪斜，頭撞到滑梯。
□ 溜滑梯過程，容易手腳卡住滑梯，不小心扭傷。

公園是最貼近孩子生活的感覺統合空間，孩子徜徉在多元性、多樣性的遊具裡頭盡情遊戲。透過公園遊戲，提升動作協調、整體肌耐力、社交互動等基礎能力，尤其是溜滑梯，更是培養前庭覺的好玩遊具。

原因與影響

❶ 前庭覺敏感

前庭覺是透過內耳的訊息，感知頭部位置變化、速度變化等，與動作平衡、協調發展息息相關。良好的前庭覺發展，能讓孩子進行更多具有速度及空間變化的進階遊戲；倘若是前庭覺敏感的孩子，則容易因為速度、空間快速變化而有適應不良的狀態，可能會過度害怕、情緒激動、抗拒，通常會觀察到孩子不敢溜滑梯或盪鞦韆、害怕上下斜坡、怕高、害怕走吊橋、不太敢嘗試冒險等。

❷ 核心力量欠佳，軀幹控制能力弱

溜滑梯的過程中，身體軀幹呈現持續微前屈的姿勢，以便孩子控制自己的重心。倘若孩子的核心力量較弱，家長多可觀察到，溜滑梯的

用餐行為

穿衣與盥洗行為

日常移動行為

其他生活行為

遊戲行為

學習行為

下滑過程呈現軟趴趴的躺臥姿勢且四肢不知所措。當核心力量無法在動態下滑的過程中維持前屈姿勢，孩子便難以適切地控制自己的重心，導致無法掌握自己下滑的姿勢、方向，甚至可能肩膀、手腕、腳踝卡住滑梯的側邊，增加扭傷、擦傷風險。

③ 動作計畫能力欠佳

「動作計畫能力」是指完成一連串動作的過程、順序，其中包含動作的概念形成、組織、計畫。溜滑梯的過程包含了：

動作計畫能力

- 滑梯入口坐穩，做好下滑的心理準備。
- 軀幹向前扭動，與手臂動作呈反向且協調的下滑起始動作。
- 下滑時，軀幹微前屈、雙腳輕抬，控制自己的重心平衡。
- 滑到底時，腳順暢地踩地，著陸起身。

這是一連串的動作過程，其中一環沒有掌控好動作速度、動作步驟、出力方式的話，常會看起來動作笨拙或失誤連連。

試試這樣做

✅ 鼓勵孩子但不強迫溜滑梯遊戲

> **Point** 進行其他前庭覺相關遊戲

遊戲應當是可從中感受到快樂及樂趣，倘若孩子十分懼怕溜滑梯，建議可以鼓勵孩子嘗試，但切勿強迫非玩不可；也可以先進行其他伴

隨的前庭覺遊戲，例如：盪鞦韆、搖椅、搖搖馬、滑步車等，讓孩子漸進式地體驗不同種類的前庭覺。

✅ 挑選阻力較大、斜度緩和、長度較短的滑梯

Point 選擇合適孩子的溜滑梯類型

公園裡頭的遊具有趣、刺激、多元，若孩子的先天氣質較容易緊張害怕，建議可從中選擇刺激度較低的遊具。以溜滑梯來說，可挑選阻力較大、斜度緩和、長度較短的試試看，下滑的速度亦較為和緩；待孩子可勝任較為初階的滑梯後，再選擇更具挑戰性的溜滑梯，循序漸進。另外，不鼓勵大人抱著孩子一起溜，大人的體重會加速下滑，且研究顯示，大人抱著孩子一起溜較容易造成傷害。

✅ 加強核心力量及動作協調

Point 提升動作的基礎能力

提升日常的活動量，例如：跑步、跳躍、騎車、游泳、跳舞等，透過規律性的運動，提升孩子的核心力量及動作協調，如此一來，孩子更能掌控自己的肢體，進行遊戲時的成就感也會大為提升，更願意嘗試多元種類的公園遊具。

✅ 一次一次慢慢練習

Point 透過反覆練習，熟悉連續動作的時機點

對於動作計畫能力欠佳的孩子，可能會因在一次次的失誤中找不著方法而感到挫折。建議大人可以陪著孩子一次次慢慢練習，從旁給予動作指令的提醒，讓孩子循著大人的建議反覆練習，從中慢慢掌握溜滑梯連續動作的技巧。重複練習中，也可加深身體對動作的記憶，接著再慢慢嘗試不同樣式的溜滑梯。

用餐行為

穿衣與盥洗行為

日常移動行為

其他生活行為

遊戲行為

學習行為

親子遊戲這樣玩

① 魔毯旅行

工具
- 1 條長枕頭巾或浴巾
- 幾張椅子／小凳子
- 1 組拼圖

玩法

① 先將家中的椅子、小凳子散亂排列當作大石頭，留一條道路出來。

② 在椅子、小凳子上隨機放置散落的拼圖。

③ 讓孩子盤坐在枕頭巾上，由大人拉魔毯出發囉！旅行中會通過大石頭，孩子要從中幫忙帶回 2 片拼圖呦！

④ 隨著遊戲進行，慢慢將拼圖帶回，拼組完成。

進階

若孩子較能掌握技巧時，可在旅行中變化速度，挑戰孩子的動態平衡能力，且滿足前庭刺激。

Tips　一開始，建議大人的速度是定速、慢速，讓孩子學習以核心肌力穩定自己的平衡。

② 我是保齡球

工具
- 大軟墊或 1 2 塊巧拼
- 3 ～ 5 個娃娃

玩法

① 在大軟墊或巧拼上隨機放置 3 ～ 5 個娃娃，且大軟墊或巧拼的
位置勿與其他家具太近，避免撞傷。

② 請孩子說：「我是保齡球，向前滾啊滾」，讓孩子往前滾去撞
倒娃娃。

進階

過程中可請孩子練習控制身體的方向，如果技巧熟練後，可增加巧
拼及娃娃的數量。

Tips 請孩子注意娃娃的位置，再向前滾動喔！若可能滾出軟
墊／巧拼，大人需特別注意是否會撞到其他家具，若孩
子感到暈了，就立刻休息。

用餐行為

穿衣與盥洗行為

日常移動行為

其他生活行為

遊戲行為

學習行為

10 一玩就過嗨，容易衝動行事！

☐ 嗨很快，容易嗨過頭。
☐ 不容易冷靜下來。
☐ 動作大，力道也大，不容易察覺自己的表現。
☐ 不思考後果，常常做了才後悔。
☐ 搞不清楚為什麼自己不受歡迎。

在學校和遊戲場上，孩子們開心的玩在一起，時不時卻會看到有些孩子玩得太開心，出現了推人、衝撞、出力過猛，結果演變為一方搞不清楚狀況，另一方大哭的樂極生悲情形。雖然人在遊戲場跑跳，哪有不衝突的道理，但一般來說，隨著年齡發展大腦逐漸成熟，加上適切引導，孩子應能學會調整自己的行為情緒。如果一段時間過去，狀況仍反覆發生，已經沒有人願意和孩子一起玩了，影響到人際互動，就得要注意了。

原因與影響

❶ 大腦前額葉發展不佳，衝動控制能力差

人類的行為情緒皆源自於大腦。其中前額葉，掌管了注意力、衝動控制、執行、規劃和預想的功能。這些高階認知能力在 10 歲之前會快速發展，一直到 25 歲才漸趨成熟，是生活淬煉洗禮的結晶能力。影響前額葉發展的原因多元，有些為先天因素，如天生或遺傳；有些則和腦傷、3C 產品使用過度、不當管教等後天因素有關。因此，當孩子

容易分心、做事魯莽不經思考，開始影響生活時，就得多留意孩子是否有分心或是做事不經思考，動作比腦袋快的魯莽行為。

❶ 運動量不夠，能量無處發洩

5 歲以前的孩子，每天應有 3 小時以上的動態遊戲時間，包含散步、奔跑、跳耀、丟接球、公園玩耍、騎腳踏車等；6 歲以上，則需要每天至少 30 分鐘有點累會喘的中強度運動，像是：跑步、體操、跳繩、球類活動等。回顧看看孩子一天的生活，從早到晚是不是都是靜態活動居多，只有在學校的體育時間才活動呢？孩子需要多元刺激才能發展得好，運動和玩耍就是餵養大腦最好的方法！滿足了大腦「動」的需求，孩子自然就「靜」了。

❸ 甜食、咖啡因攝取過多

孩子 2 歲以前是完全不能吃含糖食物的喔！近期研究證實，攝取含有食品添加物的產品，會明顯造成孩子的情緒失控和過動狀況。常見的糖果和調味乳，雖包裝成適合給孩子食用的樣貌，但其中參雜了糖、人工色素、香精，都極可能是孩子過動衝動的原因。更不用説，台灣人手一杯手搖飲，不少孩子跟著大人一起喝珍珠奶茶甚至是吃巧克力，其中的咖啡因是中樞神經興奮劑，12 歲以下的孩子都應避免攝取，以免出現過嗨無法控制衝動的狀況。

▲ 6 歲以上需要每天至少 30 分鐘有點累會喘的中強度運動。

用餐行為

穿衣與盥洗行為

日常移動行為

其他生活行為

遊戲行為

學習行為

試試這樣做

✅ 不要吃甜食、咖啡因食物

> **Point** 吃原型食物,戒掉吃糖習慣

　　帶孩子分辨健康、不健康的食物,以及這些食物對身體所帶來的影響,從零食、糖果、飲料下手,減少糖分的攝取量,透過正向鼓勵和獎勵制度,慢慢降低對甜食的依賴。另外,多食用原型食物,像是水果、蔬菜、手做蔬菜煎餅、手作餅乾等,除了健康安心沒有額外添加物外,也能避免吃入過多的加工食品。雖然戒糖的過程不容易,需循序漸進,但成功的不二法門就是:大人以身作則,堅守原則。千萬不要孩子一哭鬧撒嬌就妥協,一旦嚐到「甜頭」就只會更難改了。

✅ 先「踩煞車」再反應

> **Point** 製造留白緩衝空間,減少衝動表現

　　嗨過頭的孩子,一旦停下來就會發現自己搞砸了,雖然懊悔,但下次遇到相同狀況仍然會直接反應,做出相同的事情,情況自然也就不會好轉。如何切斷這個惡性循環呢?練習「踩剎車」!大人先觀察孩子開始過嗨的時間點和行為徵兆,讓孩子在當下演練「踩煞車」像是:深呼吸、先到旁邊休息、洗把臉、喝口水等,都能有效降溫孩子的大腦,幫助冷靜。於此同時,大人再和孩子討論行為,引導修正,讓孩子也能覺察自己的狀況,反覆演練促進內化,避免重蹈覆徹。

✅ 建立運動習慣

> **Point** 動得夠,才靜得下來

　　5 歲以前的孩子,需規劃每天加總起來共 3 小時的運動時間,如早上陪阿公阿嬤散步、下午在附近騎腳踏車及在公園玩耍 2 小時;週末假日則可以去郊外踏青,走親子步道、玩沙水、挑戰特色公園,或是

在大草地公園玩飛盤、丟接球、放風箏等。完整規劃孩子的運動時間，不僅能讓孩子充足的放電、促進全身肌肉發展、調節大腦至最佳警醒度還能培養情緒人際技巧。如果孩子動的不夠，未釋放的能量只能在夾縫中求生存，出現在該安坐的時候站起來走動、坐個椅子搖來搖去的情形。教養道路上，大人應避免只看重孩子的認知學習，而忽略了運動的重要性。

☑ 降低 3C 使用時間，多玩操作類遊動

Point 豐富操作經驗，大腦發展更全面

　　手是人的第二個大腦，想要有良好的發展就要多動手操作！操作 3C 產品需要的手指動作少，輕鬆滑一滑、點一點就能看影片和玩遊戲，但是孩子的手指卻變得笨拙沒力氣，常常打不開瓶蓋、拿東西容易打翻，最後演變成生氣挫折不想做。建議從小就大量地給予孩子操作的經驗，不論是玩串珠、積木組裝、拼拼圖、摺紙、畫畫、剪貼勞作，或是自己穿脫衣服、收拾玩具，還是從事擦桌子、洗水壺、澆花等家事，放手來做吧！

▲ 大量地給予孩子操作的經驗，大腦發展更全面。

用餐行為

穿衣與盥洗行為

日常移動行為

其他生活行為

遊戲行為

學習行為

親子遊戲這樣玩

老師說左手舉高、右手摸肚子

❶ 來玩「老師說」

玩法

❶ 請孩子聽到「老師說」才能開始做動作。注意聽，大人的指令前面有沒有「老師說」呢？

❷ 指令可創意變化。

例如：老師說起立、坐下、拍五下手、老師說左手舉高、右手摸肚子、學企鵝走路……。

Tips 藉由「老師說」這個關鍵詞，幫助孩子練習自我控制，先停下來想一想再執行，達成抑制衝動，不對所有狀況都反應。

進階

練習抓住孩子注意力，練習聽指令的習慣，待能集中後可以執行多步驟任務再來提升難度和趣味，如「先……再……」。

② 拍手謎

玩法

1. 請孩子閉上眼睛，注意聽。

2. 聽聽看，大人總共拍了幾下手呢？

3. 計算答對的題數，或是練習到正確完成 10 題。

進階

先慢慢拍，次數可從 5 開始，再慢慢往上加。拍手次數越多，孩子所需的注意力、衝動控制和跟隨拍子默念的穩定性就要更好。

Tips 團體遊戲時，可以增加難度，讓孩子舉手等大人叫名字才能回答，不能直接脫口而出，這樣不算得分喔！

用餐行為

穿衣與盥洗行為

日常移動行為

其他生活行為

遊戲行為

學習行為

11 排隊總要搶第一，難輪流等待！

☐ 做事急躁等不及。
☐ 不喜歡輪流。
☐ 無法耐著性子等待。
☐ 無法專心。
☐ 一旦輸了會非常生氣。

　　老師在台上話還沒說完，孩子總是急躁的就要起身來拿工具；排隊做事也總是衝第一個，事事要當第一。這樣的狀況大人在家中不一定察覺得到，但是孩子在幼兒園卻經常因為這樣和同學發生衝突，或是大人自己陪著孩子上才藝課時才發現孩子真的等不住，實在很令人頭痛啊！

原因與影響

❶ 鮮少被要求，隨心所欲成習慣

　　不少家長覺得，孩子在家中表現都很正常，上學後才開始出現這些行為而懷疑老師的觀察，但或許在家中其實就有蛛絲馬跡可循喔！有沒有可能在家中不曾搶東西，是因為大家都讓著孩子？或者大人工作忙碌，回家疲於消化處理孩子情緒，而鮮少要求？又或許和獨子氣質有關，無手足或少有其他年齡相仿孩子一起玩，缺乏需要禮讓互相的經驗？如果孩子已經習慣凡事自己為大，的確有可能因此行事顯得衝動，忽略他人的感受和社會規範。

❷ 好勝心強

一般來說，隨著情緒的發展，大概 3～4 歲的孩子會發展出吃醋、比較和嫉妒的感覺，輸贏的概念也會開始萌生，這時恰好是入幼兒園時期，同時也是團體生活和情緒教育的重要里程碑。有些孩子特別愛比較，除了本身氣質較為完美主義，也可能是想贏得大人的關注和讚美。如果大人剛好是「結果論」，看重孩子做事的結果而非過程，就容易下意識肯定了孩子的行為，形成孩子視「贏」為首要目標，想要事事表現好做第一，贏得大人的讚賞，而忽略自身的行為的合宜性。

❸ 缺乏衝動控制能力

衝動控制能力不好，也是造成無法耐心等待的常見因素。原因可能和孩子先天性的大腦發展狀況，或是和後天性的教養和生活方式有關，包含過早和過度讓孩子攝取糖分和加工食品，或是長時間使用 3C 育兒，影響了大腦前額葉功能發展，引發孩子難以等待、做事急躁衝動，容易失控的狀況。

試試這樣做

✔ 練習「預備動作」改善輪流和等待能力

> **Point** 衝動抑制練習，提升對要求的遵從度

練習安坐時，教導孩子萬用的「預備動作」：「屁股坐好、腳踩地板、手放桌上等待」，並藉由問句，「你準備好了嗎？」來自我檢查和調整行為，具體化「等待」的標準。將「預備動作」融合在生活和遊戲中自然地練習，例如：在老師叫到名字前，先做好「預備動作」等聽到名字才起身；玩輪流遊戲，還沒有輪到自己時也要做出「預備動作」等待；或是把「預備動作」當成冷靜的方式，讓玩到太嗨的孩子暫停下來。

用餐行為

穿衣與盥洗行為

日常移動行為

其他生活行為

遊戲行為

學習行為

✅ 玩輪流和合作遊戲，增加正向互動經驗

Point 調整好勝心，你好我也好

遊戲是孩子間共通的語言，邊玩邊學，技巧更能自然地應用到生活中。試試看，玩撲克牌釣魚（記憶翻翻牌）的時候，過程中只要有人翻到一樣的數字，大家就要為他拍拍手！幾次下來，就能稀釋掉輸贏的比重，孩子也能學會付出讚美，還能在輪流的過程中，加強等待的耐心和注意力。越多人一起玩，難度也就越高越好玩！

培養合作能力的遊戲像是：疊疊樂，一人一個小積木，輪流疊高一起蓋一個大樓；或用布丁湯匙合力傳彈珠。還有，別忘了生活教育，鼓勵孩子當大家的好幫手，學習觀察他人的需要，看到別人的優點，練習互相合作，慢慢地便能體會到輸贏雖然重要，但一起開心玩更重要。

▲ 玩輪流和合作遊戲，增加正向互動經驗。

✅ 用繪本和孩子談情緒行為

> `Point` 重現情境，討論方法

不管是好勝心強、衝動魯莽、吃醋、容易挫折生氣，還是插隊、搶玩具、打架等情緒人際狀況，繪本都是極佳的引導工具！繪本溫暖的特質，不僅能引領著孩子跟著故事感受主角的心情起伏學習處理，還能跳脫對象，重現情境，幫助孩子換位思考。試試看，每日安排 15 分鐘的「親子共讀」時光，選一本想和孩子談的主題繪本，一起閱讀一起想看看怎麼做會更好？逐步培養孩子面對情緒和處理挫折的能力。

✅ 建立排隊規則，用好行為決定一切

> `Point` 規則明確，心服口服

避免孩子衝動脫隊，或下一秒被其他事物吸引忘了要按照順序排隊，最好的方法就是給一個明確的位置順序，像是依照座號順序排隊，又或是把排隊變好玩！請有好表現的人排第一個，每天都可以是不同的人當隊長。如此一來，排隊也可以變成一種獎勵，人人有機會，孩子也能看見自己和他人的優點和進步。

✅ 行為約定，善用正向增強

> `Point` 溫和堅定，改善行為

所有人都喜歡被稱讚，沒有人是天生想討罵的，因此孩子不合宜的行為，背後都藏著需要幫忙的警訊。針對孩子常出現的衝動行為狀況，大人應先立下明確的原則，當孩子表現好就能得到集點鼓勵，反之就沒有獎勵。獎勵也不該只提供物質，更應給予孩子選擇和挑戰的機會，像是：點數滿了就可以選擇假日全家出遊的地點跟媽媽來個早午餐約會，或是一起到攀岩館玩也行。相較物質上的獎勵，孩子更喜歡得到大人的信任。能自己安排和決定事情，讓孩子感到被重視、尊重，既能增溫親子關係，改變的動機也更持久。

用餐行為

穿衣與盥洗行為

日常移動行為

其他生活行為

遊戲行為

學習行為

親子遊戲這樣玩

① 忍者高手

【工具】 ● 1 卷寬膠帶（紙膠帶、防水膠帶皆可）

【玩法】

❶ 將寬膠帶兩端分別各黏在走廊左右兩側牆壁上，或是不同的家具間。線條可高可低，可交錯也可斜向，創造出如紅外線密室的場景。

❷ 開始紅外線遊戲，請孩子試著爬過或跨越過膠，且不碰觸到膠帶，成功走到另一端。

【進階】

如果孩子可以輕易過關，可增加難度，如貼上較多、較複雜的線條。

Tips 愈快愈壞事，放慢速度，練習衝動控制。

白蘿蔔蹲白蘿蔔蹲，
白蘿蔔蹲完黃蘿蔔蹲！

② 蘿蔔蹲

玩法

1 請每個孩子各取一個代號，例如：黃蘿蔔、白蘿蔔、綠蘿蔔。

2 大家圍成一圈，被叫到代號的蘿蔔就要蘿蔔蹲，同時邊蹲邊念台詞，最後點名下一個蘿蔔做動作。

3 台詞如「白蘿蔔蹲白蘿蔔蹲，白蘿蔔蹲完黃蘿蔔蹲！」

進階

可增加玩的人數，或加快速度，讓遊戲更具挑戰。

Tips 請孩子聽指令、等待，練習衝動控制能力，人愈多愈好玩。加快速度不能出錯，還要注意聽是不是輪到自己了呢？

用餐行為

穿衣與盥洗行為

日常移動行為

其他生活行為

遊戲行為

學習行為

12 手指感覺沒力氣，做事總是輕輕的。

☐ 生活自理時常需要幫忙。
☐ 做事情的動作品質不佳。
☐ 操作時手腕角度不正確。
☐ 操作的過程動作較緩慢。
☐ 東西拿在手上卻經常掉。

　　手部發展從五隻手指一起運作的「拳狀抓握」像是：拿起奶瓶、滿把握住湯匙，到會用拇指和食指前兩指操作的「對掌動作」如扣釦子、拆餅乾包裝紙等；手指從一起動作到可分離動作的發展過程，幫助孩子在生活自理、工具操作與運筆寫字能力打下重要的基礎。

　　這裡所指的手指沒力，不是孩子無法拿起與操作物品這種完全沒力的狀態，而是做事的「動作品質與效率不佳」經常需要大人的協助。例如：著色時筆跡很淺或瓶蓋轉不開。力氣不單只看力量的大與小，還要能因應不同的操作工具與動作姿勢來「調整與掌握」力道，才不會出現沒提醒力道太輕，一提醒力道太重但一下又沒力的情形。力量可以透過訓練被提升，如同大人做重訓般，需要持續的練習，並結合在日常作息中。對孩子力量的訓練目標為：足夠讓孩子把事情做好，就是最好的狀態。

原因與影響

❶ 肌肉張力低

　　肌肉張力指肌肉在休息狀態下維持的基本張力，如同橡皮筋有一定的彈力，能讓肌肉維持某種程度的穩定性，從躺、坐到站，都屬於一個正常的範圍。手指肌力不足若是受到低張的影響，會造成孩子執行的品質與效率，跟不上同齡孩子該有的動作發展與表現。這邊指的與先天疾病或外力造成的傷害導致的肌力不足有所不同。

❷ 手部操作與動作經驗不足

　　戶外遊戲經驗如攀爬繩梯、玩擺盪的遊具，需要手指抓握來維持身體平衡，或遠距離玩丟球、拋接類的遊戲，需要手腕力量才能丟得遠、接得穩。此外，若大人過度代勞與寵愛，經常幫孩子做得好好的，也是導致孩子手指肌力不足、靈活度不佳的常見原因。

試試這樣做

✔ 從遊戲增加操作經驗

> **Point** ▶ 從孩子喜愛的遊戲，製造更多動手玩的機會

　　手指力量不足的孩子，通常喜歡像是拼圖、扮家家酒、看繪本等不須出太多力氣就可完成的遊戲。大人從中創造多元的玩法，像是：把軟黏土改為運動黏土或用無毒的小麥黏土，搭配漢堡機與麵條機，玩扮家家酒遊戲，讓孩子手指做捏、壓、拉的動作。繪本可結合畫畫，用石頭或花生蠟筆描繪故事的角色或內容。至於拼圖可改用樂高或組合積木，平面的拼接出喜愛的圖案（輪廓），增加手指做按壓與扣的動作。

用餐行為

穿衣與盥洗行為

日常移動行為

其他生活行為

遊戲行為

學習行為

✅ 提升手腕的協調性

`Point` 手腕擺的位置與角度，影響手指施力的流暢性

從操作不同的工具，學習正確的姿勢。像是用學習筷或夾子玩積木疊疊樂：隨著高度越高，手腕越要保持穩定。或玩剪紙遊戲：雙手手腕微微上翹且拇指保持在上方（下圖1），手腕才有活動的空間。

若手腕出現倒鉤，讓工具朝向側邊或自己（下圖2），或是拇指朝下，導致前臂過度內轉（下圖3），都會影響到手腕的活動角度。

手腕上翹、工具朝前 ⭕

手腕倒鉤 ❌

拇指朝下 ❌

✅ 增加戶外遊戲體驗

`Point` 玩需要抓握來維持平衡與手腕出力的遊戲

手指力量不單只有桌上的遊戲訓練，戶外也是很好的訓練場。全台有越來越多特色親子公園，推薦玩攀爬、擺盪、旋轉、搖晃等遊具，讓孩子雙手抓握以維持身體平衡，或去海邊的沙坑玩沙，用鏟子耙沙子、堆沙堡，都是很棒的練習機會。

✅ 生活自理自己來

Point 不剝奪孩子練習的機會，以示範或最小協助為優先

當孩子穿衣、穿襪、扣鈕釦、拉拉鍊、穿鞋子，請給予足夠的操作時間，避免在匆忙與催促下要求他完成，讓孩子充滿壓力與挫折。給予足夠的練習機會和漸進式的協助，增加嘗試操作的經驗。不因當下做不好就立即協助或糾正；並記得每次完成後給具體的鼓勵，以提升成就感與動機。

✅ 成為家事小幫手

Point 將一項活動分步驟進行，從孩子做得到的開始

參與多種類的家事任務。像是把曬乾的襪子從曬衣夾取下、把資源回收區的紙盒和寶特瓶壓扁、用夾鏈袋分裝食物、用樂扣盒分裝自己的點心、用菜瓜布或小抹布把地板或桌上髒髒的漬抹掉。不需等孩子能力到位，才安排家事給他，而是從孩子現有的能力，從活動中找出可以參與的環節。

✅ 強化指尖的感覺

Point 視覺回饋幫助力道掌控，觸覺回饋幫助物品拿得更好

視覺可以幫助孩子在操作物品時，能知道自己的力道大小。像是用手指沾顏料畫圖或用手指蓋印章創作，從顏色的深淺知道施力程度；或把舊襪子用橡皮筋綑出有趣的造型娃娃，過程可以看到手指要撐多開。而觸覺遊戲像是把數個小玩具放進袋子，眼睛不能看只能用手摸，猜一猜摸到的是什麼，讓指尖感受物品的輪廓、材質與形狀，過程可以問孩子摸起來有什麼感覺，和哪一個物品的材質很像。

用餐行為

穿衣與盥洗行為

日常移動行為

其他生活行為

遊戲行為

學習行為

親子遊戲這樣玩

① 拯救玩具任務

工具
- 數個立體玩具和平面玩具
- 1 卷透明或數卷有色膠帶

玩法 1

❶ 大人將玩具用膠帶固定在桌子或地板上。

❷ 可用多段膠帶做重疊交叉貼。

❸ 請孩子想辦法把玩具從桌上拿起來,並將玩具上的膠帶撕乾淨。

玩法 2

❶ 將膠帶隨意纏繞在玩具上。

❷ 可用不同顏色的膠帶區分是哪一條,會比較好撕。也可以全部用透明膠帶纏繞,增加辨識難度。

進階

設定時間,看救出一個或多個玩具會花多久,也可以兩人競賽,增加挑戰性。

Tips 藉由膠帶增加孩子手指捏、摳與撕下的力量。

② 手指壓壓樂

工具
- 1 塊大黏土 / 圖畫紙
- 2 ～ 3 個凸面的積木
- 一些豆子、瓶蓋或筆蓋
- 幾個印章與印台

玩法

① 請孩子將黏土壓扁在桌上。

② 把積木紋路壓在黏土上，製造「蓋印章」的感覺。

③ 也可用豆子、瓶蓋或筆蓋，在黏土上壓出形狀與圖案。

進階

準備不同顏色的印台與造型印章，並在紙張下方墊巧拼墊或
賣場商品型錄本，讓孩子在「軟一點」的平面上蓋印章，必
須出更多的力氣，才能把印章蓋好。

Tips 建議坐在椅子上玩，可避免使用到太多身體的力量。
蓋印章時，手肘盡量靠近身體，避免抬太高用到肩
膀的力量。

用餐行為

穿衣與盥洗行為

日常移動行為

其他生活行為

遊戲行為

學習行為

13 害怕擺盪或旋轉的遊具。

☐ 對擺盪的鞦韆感到害怕。
☐ 排斥玩旋轉盤或旋轉椅。
☐ 對遊具的選擇喜好明確。
☐ 會好奇想玩但一玩就怕。
☐ 適應遊具需要一段時間。

2 歲後，孩子開始喜歡奔跑、跳躍、俯衝等感覺刺激，是動作尋求量大的時期，也是發展良好的肢體協調與平衡階段。現今各地方的「特色共融遊戲場」有擺盪、滑溜、攀爬、彈跳、旋轉、平衡等各式各樣的遊具，孩子們總是玩得不亦樂乎。從孩子對遊具的選擇，即能反應對某些感覺尋求的喜好，像是：盪鞦韆的孩子喜歡迎風的觸感跟擺盪的速度感、攀爬的孩子喜歡肢體出力的本體感。

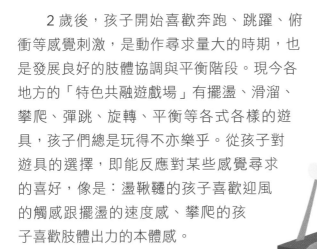

▲ 盪鞦韆的孩子喜歡迎風的觸感跟擺盪的速度感。

　　多數孩子對滑梯的接受與喜愛程度，相對擺盪與旋轉遊具高，一方面市場上好取得，方便買至家中給孩子玩，另一方面滑梯是公園裡常見的安全遊具，孩子接觸的經驗自然多。因此，當孩子接觸擺盪或旋轉的遊具感到害怕，大人無須過度擔心，而應思考如何漸進式的引導與陪伴，讓孩子從多元的遊具中滿足大腦所需的感覺養分與動作發展，進一步提升學習力、反應力與專注力。

原因與影響

❶ 對前庭刺激感覺敏感

　　「頭」在空間中有位置的改變，就會產生前庭刺激。常見有上下方向的跳躍、左右或前後方向的擺盪。當刺激規律且速度緩和時會給人舒服的感覺，比如規律搖晃的搖椅。當刺激有加速度、高度或不規則方向的擺動，像是：盪鞦韆跟彈簧搖搖馬，前庭刺激量明顯增加，此時對感覺敏感的大腦會發出警訊，告知孩子這是不安全的遊戲狀態。至於頭部做旋轉方向的動作，像是：玩旋轉盤或旋轉椅，前庭刺激量更多，遊戲後可能出現嘔吐或頭暈等不適現象，一般孩子都要大人協助掌控遊戲的時間跟速度，敏感的孩子則需要更多的時間適應。

❷ 遊戲經驗與種類少

　　擺盪與旋轉的遊具，通常在公園與遊樂場比較有機會接觸到，若大人經常帶孩子接觸偏向溜滑梯、騎腳踏車、攀爬或行走平衡類，相對比較緩和的前庭刺激遊具，無論在晃動幅度或搖擺的不規則性，對孩子來說都是安全的，相比之下，擺盪與旋轉的遊具挑戰性較高。

用餐行為

穿衣與盥洗行為

日常移動行為

其他生活行為

遊戲行為

學習行為

試試這樣做

（以下遊具介紹，可搜尋「共融式遊戲場」作為參考）

✅ 選擇合適的鞦韆形式

> **Point** 在旁邊陪伴不如一起上去玩

　　共融公園的鞦韆形式很多，有嬰兒鞦韆、汽座式鞦韆、親子安全鞦韆、鳥巢式鞦韆、360 度旋轉鞦韆和擺盪大索。大人優先選擇能陪伴孩子一起玩的親子安全鞦韆（兩人座的）和鳥巢式鞦韆，讓孩子在保護與固定較多且肢體與大人有接觸的狀態下，去感受前庭刺激帶來的愉悅與興奮感。

✅ 選擇合適的旋轉遊具

> **Point** 讓孩子先擔任出力的推進者

　　旋轉遊具有旋轉盤、旋轉椅、旋轉棒、旋轉攀爬網與旋轉椅，建議大人讓孩子從「推旋轉椅」開始，不需要一開始就強迫孩子坐上去，而是大人或其他同儕坐好後，請孩子在一旁邊跑邊推著遊具，由孩子掌控速度較有安全感。

✅ 坐著玩較安心

> **Point** 讓孩子覺得自己在遊具上是安全穩固的

　　除了選擇合適的遊具形式外，進行的姿勢也很重要。無論是坐著還是站著玩，只要擺盪或旋轉的速度一樣，頭部在空間中接受的前庭刺激量是相同的，差別在站著玩會需要較多的肢體平衡能力。像是：鳥巢式鞦韆、擺盪大索、旋轉盤與旋轉棒，都是可站可坐的遊具，鼓勵孩子先坐著體驗，幾次後可以嘗試閉上眼睛，會有不同的感受，通常視覺遮蔽後比較不會這麼害怕。

✅ 掌控速度與方向

Point▶ 先將決定權交給孩子

主導權先交給孩子，孩子就像掌舵的人，發號施令告訴大人他要「快快的、慢慢的、停下來、往左邊、往右邊、往前面、往後面或是慢慢轉」，當大腦可以預期即將發生的動作、速度與方向，就能降低害怕的感覺。

✅ 適應不同的晃動幅度與角度

Point▶ 定點停留，增加感受

家中常見的搖馬玩具（前後搖晃），還是公園的彈簧搖馬（前後、左右、斜向搖晃），都能很好的讓孩子感受「當搖晃幅度快要超過身體重心時的失重感」。大人緩慢的先將搖搖馬朝一個方向搖晃後，停留在孩子感到些微害怕的角度，數到 3、5 或 10，視孩子當下的感受做漸進式調整，再更換不同的方向。可以結合有趣的情境，像是「哇！你現在就像爸爸在開車或騎摩托車一樣，走我們出發囉！」同時也是鍛鍊孩子上肢力氣與軀幹核心肌群的好機會。

✅ 玩平衡類遊具一起做輔助

Point▶ 增加在不穩定平面下的動作經驗

平衡遊具除了靜態的木頭梅花樁，建議也可以玩動態的旋轉飛輪與圓木（平衡）吊橋。吊橋可以體驗在木頭上行走時的搖晃感，而旋轉飛輪則是大人牽著孩子繞圈走，感受邊走時飛輪邊轉動的不平衡感。

用餐行為

穿衣與盥洗行為

日常移動行為

其他生活行為

遊戲行為

學習行為

親子遊戲這樣玩

① 一起轉呀轉

工具
- 1 把掃把柄或棒 1 支球棒
- 3 顆中型皮球
- 數顆小球
- 數個巧拼墊或遊戲地墊

玩法 1

① 手扶棒球棒或掃把柄,請孩子低著頭自己轉圈圈,從 5 圈開始,再慢慢增加至 10 或 15 圈。

② 轉完圈後接著下一關,玩丟接皮球,請孩子接住 3 顆球。

玩法 2

① 請孩子手拿小球,做連續翻滾(翻身的動作)。

② 將小球運送至終點,單趟要一口氣完成,中途盡量不休息。

③ 翻滾後請孩子接著做匍匐前進,在地墊上爬行一圈才過關。

進階

改變轉圈數、翻滾的距離、趟數,以及下一關的任務難度,依孩子的適應表現做調整。

Tips

- 接球與匍匐前進是不讓孩子專注於頭部旋轉後的暈眩感或緊張感,做適度轉移。

- 提供大腦對旋轉刺激的接受度,讓孩子慢慢適應。

② 衝浪的孩子

工具
● 1 個可站立的厚紙板
（或木頭砧板）
● 1 條長麻繩
● 數根桿子
● 6 張矮凳／小紙箱

玩法

❶ 請先將繩子和厚紙板綁在一起，方便大人拉著繩子使厚紙板向前移動。

❷ 將紙箱或矮凳置於左右兩側，並將桿子橫置於紙箱或矮凳上架高（不超過孩子小腿高度的一半），方便孩子跳躍。

❸ 請孩子站在板子上，大人在前方緩慢拉動繩子讓厚紙板向前移動，孩子要試著平衡自己站好。

❹ 當孩子前進到橫桿前方，大人要停下來等孩子雙腳跳過橫桿後，再繼續向前拉動。

進階

待孩子可以順利過關後可增加紙箱或矮凳的數量，或是以不同高度的紙箱及矮凳設計不同跳躍高度的關卡。

 Tips
讓孩子練習在不平穩的平面上保持平衡。

用餐行為

穿衣與盥洗行為

日常移動行為

其他生活行為

遊戲行為

學習行為

14 無法接受手、身體沾到顏料或衣服被弄濕。

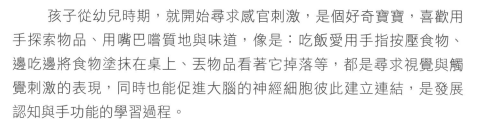

□ 若大人當下沒有立即處理，無法繼續進行活動。
□ 孩子出現明顯的情緒反應，會非常焦慮或大哭。
□ 衣服弄髒弄濕的面積小，也堅持要換掉整件上衣。
□ 避開手會沾到顏料的畫圖工具，像是水彩與拓印。
□ 皮膚對感覺較敏感，手上若有小傷口會一直關注。
□ 個性較敏感與固執，需要花一段時間與孩子溝通。

　　孩子從幼兒時期，就開始尋求感官刺激，是個好奇寶寶，喜歡用手探索物品、用嘴巴嚐質地與味道，像是：吃飯愛用手指按壓食物、邊吃邊將食物塗抹在桌上、丟物品看著它掉落等，都是尋求視覺與觸覺刺激的表現，同時也能促進大腦的神經細胞彼此建立連結，是發展認知與手功能的學習過程。

　　手沾到顏料的觸感或衣服貼在身上的感覺，提供的是視覺與觸覺刺激。幼兒時期的孩子若手弄髒、吃飯沾到醬汁，通常不會有立即的情緒反應或清潔行為，多半是透過觀察大人的行為，像是：拿衛生紙幫他擦拭或換衣服、被帶至廁所清潔等，才會認知這件事是需要被立即處理的。加上大腦正處於對感覺經驗的學習與調節階段，讓孩子慢慢理解與發展出面對這些刺激時，自己的感受與處理方式。

原因與影響

❶ 感覺調節異常

大腦將這些感覺刺激「放大了」。當一個感覺刺激進來，大腦會做感覺訊息的處理，訊息處理的過程，決定刺激的反應強度。打個比喻，手沾到黏的食物，大腦解讀後認知刺激的強度是 20 ～ 30％，而調節出問題的孩子，大腦認知的刺激強度可能落在 50 ～ 60％，兩者行為反應自然不同，我們覺得一點黏，對孩子來說可能是很黏、非常不舒服的。

❷ 照顧者的對待經驗

若大人從小在孩子吃飯時，因擔心孩子弄髒衣服、身體或周遭環境，常邊擦拭邊責備孩子，那麼孩子會認知到身體髒了、濕了是不可以、得趕快處理的，所以當下次遇到相同的情況，就容易處在緊繃、焦慮的狀態。

試試這樣做

✅ 遊戲中體驗不同的材質

Point ▶ 分享材質接觸到身體的感覺，一次一種慢慢來

增加孩子手指感覺經驗，感受東西黏在手上的感覺，像是：玩米盆、沙盆，在裡面藏玩具請孩子找出來，也可用史萊姆、黏土玩扮家家酒，或將紙撕成一條條後用膠水、白膠貼出孩子喜歡的圖案。遊戲過程大人要對孩子說明材質在手上的感覺，如「沙子摸起來一粒粒又粗粗的，像不像媽媽洗碗用的菜瓜布？」大人的陪伴能有效延長遊戲的時間，增加接觸的機會。

用餐行為

穿衣與盥洗行為

日常移動行為

其他生活行為

遊戲行為

學習行為

✅ 漸進式帶孩子玩不同的上色工具

Point ▶ 創造不同的遊戲情境，大人先做示範

畫筆型式很多，蠟筆、水彩筆、彩色筆都可以帶孩子嘗試，若孩子一開始就不願意，大人可以先畫，讓孩子從旁觀察，再慢慢邀請他加入或畫到剩最後一部分，請孩子幫忙上色。水洗顏料可在洗澡前或洗澡中，玩一場親子人體畫圖遊戲，孩子先畫大人，接著畫自己，最後再畫彼此。還可以玩紋身遊戲，自己選部位和把喜歡的圖案畫在身上，讓孩子知道有些顏料是可以洗掉的，不用擔心。

✅ 延長不舒服的感覺

Point ▶ 從 5 分鐘開始，過程鼓勵孩子做得很好並嘗試轉移

大人評估若沒有處理的急迫性，不需立即滿足孩子。像是手髒了、衣服一小塊弄濕了，具體告知會處理的時間點，像是：「媽媽把碗洗乾淨就過去」或「濕掉的地方，長針指到 5 就會乾了、不見囉！」這段時間若孩子有情緒無法等待，讓他待在大人旁邊了解做事進度，安撫與鼓勵他願意等待，或擔任小幫手做任務轉移。

✅ 當孩子的感覺縮小燈

Point ▶ 同理與了解孩子當下的感受，用陪伴取代責備

降低孩子當下的固執與不安，幫孩子說出感受，如「看到彩色筆跑到手上，擔心擦不掉，對嗎？」接著用輕鬆口氣說明如「彩色筆過 3 天就不見囉！洗澡與洗手它會慢慢被洗掉」。大人可以在自己的手上畫一筆，陪著孩子一起做實驗;並鼓勵孩子把感受跟擔心說出來，如「你可以告訴媽媽，看到手上藍藍的，是什麼感覺？為什麼好緊張呢？」

✓ 帶大腦重新定義感覺與行為

Point▶ 判斷處理的立即性，並為不舒服的感受做比喻

中班後引導孩子學習分辨什麼狀況（如程度、場合與時間點）才有處理的急迫性，像是：衣服濕到什麼程度才需要換掉、等完成圖畫後再洗手，若當下情況不適合，可以用濕紙巾擦手，顏色雖然擦不掉，但孩子會知道手已經是乾淨的。同時也可以與孩子一起創造視覺與觸覺的新感受，如「衣服濕就像有一顆小冰塊在身上，等它融化就會不見了！」、「手沾顏料就像獎勵蓋印章一樣，過幾天就消失了！」目的希望孩子能盡情的參與遊戲，享受其中樂趣。

▲ 漸進式帶孩子玩不同的上色工具。

用餐行為

穿衣與盥洗行為

日常移動行為

其他生活行為

遊戲行為

學習行為

親子遊戲這樣玩

① 穿衣玩水

工具
- 一些小玩具（如球、水槍，洗澡娃娃）
- 1 個兒童充氣遊戲池或浴缸

玩法

❶ 陪孩子穿著衣服，下水玩遊戲。

❷ 將球藏在衣服裡，變袋鼠媽媽、大熊或其他動物。搭配自編的故事，來一場有趣的動物水上樂園遊戲。

❸ 遊戲結束後，詢問孩子有什麼感覺，如「衣服雖然濕了，一樣可以玩得很開心，所以如果不小心沾到一點點，你是可以克服的喔！」

進階

在衣服上貼貼紙，拿水槍對準貼紙，將水射在貼紙周邊，讓衣服濕的一塊一塊，模擬不小心弄溼衣服的狀況，還可以指定位置，像是經常會用濕的前胸或肚子。

Tips 從遊戲降低孩子對衣服濕掉的敏感度與反應。

② 手指黏貼趣

工具
● 1 卷雙面膠
● 一些小物件（如小毛球、豆子）

玩法

❶ 在孩子的每隻手指指腹貼上雙面膠（黏的那面朝外）。

❷ 將小物件放置於桌上。與孩子比賽，看誰最快每隻手指都蒐集到（粘到）小物件。

❸ 結束後，請孩子自己撕下手指上的殘膠。

進階

增加黏貼的面積與部位，像是掌心、手背或手腕，並計時比賽看誰 30 秒內黏到的東西最多，增添趣味性。

Tips 當貼的部位面積大，膠帶包覆的就大，皮膚黏貼的感受會更加明顯。

15 常常丟不準也接不到球。

☐ 孩子像懶骨頭，能靠就靠，能坐就不站。
☐ 跳舞經常跟不上拍子。
☐ 平衡感不好。
☐ 動作笨拙。
☐ 一玩就嗨，容易興奮。

　　假日出門踏青到公園玩球，孩子卻常常丟歪也接不到，甚至還會怕球和閃球，雖然耐著性子教，但還是搞得大家滿場撿球，出遊的好興致都沒了。看著草地另一旁，年紀相仿的孩子玩球玩得不亦樂乎，難道是孩子的體育細胞不好嗎？這到底該怎麼訓練呢？

原因與影響

❶ 手眼協調不佳

　　想要流暢地丟接球，就要能在短時間內做出快速的反應動作，這需要有強大的手眼協調能力作基礎。手眼協調不佳的孩子，不僅丟球容易丟歪，也經常抓不到接球的時間點，像是太慢伸手而接不到球，或是預期的接球方向總是錯誤而白做工。如果孩子平常跟著帶動跳已經顯得吃力，玩球還多了速度感要掌控，對手眼協調不佳的孩子無疑更是一大考驗。

❷ 不會控制力道

　　球一丟就彈飛根本來不及接，或是丟太大力反應不及而接不到。許多孩子接不住球，是因為不會好好丟球；一般來説，只要有過幾次的經驗，熟悉球的特性後，孩子就能逐漸掌控丟球的力道和球速之間的關係。但如果孩子總是大手大腳，容易興奮，習慣用力丟球，不會調節力道，球自然也就滿天飛了。

❸ 肢體不協調

　　球是圓的，方向百變，孩子的身體姿勢要能快速地隨著球移動，才能接到球。協調度不佳的孩子，腳步不會跟著球而前後左右調整，或是無法敏捷快速的反應，導致只能接得到剛剛好落在胸前高度的球，守備範圍有限。

試試這樣做

✅ 用皮球原地練習「輕輕丟，快快接」

> **Point** 學習力道控制，促進手眼協調

　　選用有彈性的皮球做入門練習。藉由皮球的彈性練習手眼協調的掌控，而且相較於小球，皮球彈到自己或其他人也不容易受傷。建議教孩子「輕輕丟，快快接」的口訣。「輕輕丟」球速慢，自然就降低手眼協的的難度，更容易接的到球！

　　試著讓孩子自己在地板上原地丟接球，如果仍然抓不到接球的時機點，大人可以帶著孩子雙手感受「快快接」的動作並提醒口訣。技巧不會速成，多給孩子一些時間練習，大人從旁打氣鼓勵，扮演孩子的教練也是忠實粉絲。

用餐行為

穿衣與盥洗行為

日常移動行為

其他生活行為

遊戲行為

學習行為

☑ 地上做記號，玩丟接球

Point 視覺提示幫忙，丟接球更容易

　　各站一方，在雙方中心點的地上貼膠帶作記號。大人示範將皮球瞄準記號丟，讓皮球彈起時高度剛好在孩子胸前，再請孩子試著用一樣的方式丟回來。用彈地的方式玩球，比直接丟球有了較多的反應時間，能看球彈飛的高度了解自己丟的力量，進而練習力道的調整。孩子也能從中感受球速，做好準備接球的動作就不會怕球了。

☑ 對著牆壁丟接，感受自己丟接的力道

Point 秒懂問題，練習力道調整和控制

　　請孩子拿著皮球，站在離牆壁一公尺遠距離，雙腳固定不移動，試著以雙手把球直接丟向牆壁再接住，整個過程球不落地。孩子是否接得住呢？注意！手勢是「往前丟球」不是「往上拋球」喔！邊丟邊練習「輕輕丟，快快接」的技巧，如果孩子丟太大力，球可能會直接砸到臉上，或是速度過快根本來不及接；丟太輕則球會掉到地上，無法完成牆壁和手之間，兩點一線的丟接動作。這些立即的感受，讓孩子能馬上看懂自己的動作問題，大人也可以輕鬆地在旁邊提醒和當啦啦隊就好囉！

☑ 不時改變丟球方向

Point 促進移動動作

　　在實際的玩球現場，每顆球飛過來的速度和方向本就不可預期，當孩子已經學會用「輕輕丟，快快接」的方式玩球後，就要開始練習接不同方向的來球。大人和孩子玩球時，可以試著調整力道，有時重一些讓孩子練習腳步倒退、有時輕一些讓孩子往前救球，或是忽左忽右，都可以帶出孩子的反應協調和快速預期的能力。

親子遊戲這樣玩

① 玩球無極限

工具 ● 2～3 顆不同大小或軟硬的球

玩法

❶ 和孩子互相丟接傳球，大人一次將一顆球丟向中間地板，彈起讓孩子接。

❷ 孩子再把球用彈地丟或滾地的方式（視掌握丟球技巧與否），傳回來給大人。

❸ 如果孩子接不到，大人可重複丟同一顆球練習。

❹ 設定接住 10 顆為目標，增加樂趣。

進階

可以兩人以上圍成圈，互相叫名字丟接，增加遊戲的難度及趣味。

Tips 請孩子依據不同大小重量材質的球，調整自己的力道。

用餐行為

穿衣與盥洗行為

日常移動行為

其他生活行為

遊戲行為

學習行為

親子遊戲這樣玩

② 牆壁擊擊樂

工具
- 1 顆皮球
- 1 卷紙膠帶

玩法

① 撕下 4 段紙膠帶，分別在牆面上貼出對應孩子頭部高度，些微上下左右的位置。

② 請孩子站在距離牆壁一到兩公尺前。

③ 練習雙手將手上的球擊中各個方向的紙膠帶並接住。

進階

孩子熟練後可更換不同重量、大小的球。或是指定丟向紙膠帶的順序（例如，先左右，再下上）和分別的次數，加入協調性和記憶元素。

Tips
請孩子擊中牆上記號練丟接球，球不能落地，藉此練習調整不同方向的丟接球力道。

學

學習行為

用餐行為

穿衣與盥洗行為

日常移動行為

其他生活行為

遊戲行為

學習行為

1 容易分心，專心完成一件事有困難。

□ 常常分心。
□ 經常忘東忘西。
□ 不喜歡動腦和耗費心力的事情。
□ 到處玩，卻沒有能一項能玩得久。
□ 沒有特別喜歡的事情或興趣。
□ 顯得懶洋洋，能躺就不坐，能坐就不站。

做一件事常常 3 分鐘熱度？才剛坐下來寫沒幾個字就開始玩桌上玩具？椅子都還沒坐熱，就跑去做別件事？想到什麼做什麼，沒有一樣玩具玩得久，只有看電視能專心持續好一段時間。如果這些描述都讓你點頭如搗蒜，覺得符合孩子的表現，而且幾乎在各個情境下，不論是家中、學校、課外活動等，都能觀察到，那麼孩子就很有可能有注意力的狀況喔！

原因與影響

❶ 活動持續度不佳，持續性注意力弱

孩子無法專注在事物上，和注意力有很大的關係。注意力影響的層面廣大，共分有五種類型，分別是：集中性注意力、持續性注意力、選擇性注意力、交替性注意力、分散性注意力。雖然不同類型形成的影響各有不同，但當一個類型出現狀況時，通常都可以觀察到合併其他類型的注意力問題。

　　其中一項「持續性注意力」即代表，做一件事能夠維持一段時間的專注而不分心。隨著年齡的發展，通常 3 歲孩子一般性注意力為 15 分鐘、6 歲為 30 分鐘、9 歲為 45 分鐘，像是能聽大人講故事、玩扮家家酒、畫畫等。如果長期觀察下來，孩子的「持續性注意力」大部分皆短於上述時間，大人就要特別注意了。

● ● ● ● ● ● ● ● ● **孩子的持續性注意力** ● ● ● ● ● ● ● ● ●

3 歲	6 歲	9 歲
15 分鐘	30 分鐘	45 分鐘

❷ 未被堅定規範，養成習慣

　　除了與生俱來的氣質外，你所看到孩子的行為表現和狀態，受生長環境中各方層面影響而成。換言之，有一大部分是被我們大人日積月累培養而來的。回想看看，大人是否掌握孩子的日常規範和生活作息？是否持續教導生活習慣？對孩子的教養方式和情緒行為的容忍標準是否一致？當孩子出現情緒或行為不恰當的時候，大人最後是否沒有堅持原本的要求？思考以上幾個面向，可以幫助你發現教養上可能遺漏的方向。

用餐行為

穿衣與盥洗行為

日常移動行為

其他生活行為

遊戲行為

學習行為

❸ 3C 使用時間太長

　　現在媒體網路發達，3C 豐富的資源和多變特性，能不限地域提供各式資源，讓學習和生活方式多了更多的可能。但近幾年，3C 已浮濫地使用在兒童甚至 3 歲以下的幼兒身上，一天平均觀看 5 小時以上甚至更長時間的孩子已不在少數，但長時間未被管控的觀看，卻會對 6 歲前尚未發展成熟的大腦有害！已有多項研究證實，如長時間習慣了 3C 的聲光快節奏刺激，會讓掌管衝動控制、注意力和執行的大腦前額葉的功能運作下降，而出現衝動控制不佳和注意力問題。

▲ 2 ～ 5 歲的使用 3C 時間則應在 1 小時內，且大人應陪同使用。

試試這樣做

✅ 降低環境干擾物

> Point ▶ 讓專心更輕鬆容易

既然孩子容易分心，移除干擾物就是首要的任務。不論孩子是在畫畫、玩玩具、聽大人講故事還是學習，想要孩子專注在眼前的活動，都要避免同時間開著電視。容易分心的孩子，大腦無法把噪音過濾成背景音，而容易被聲音吸引而無法持續操作。除了關掉電視外，桌面也需清空，遊戲區域也盡量分類收拾乾淨，僅一次拿出少量玩具由大人陪同遊戲和操作。

✅ 環境中規劃不同操作空間

> Point ▶ 區域有別，幫助注意力轉換

注意力有困難的孩子，需要有結構化的空間。大人可以在家中找一處安靜位置，面牆擺放一組桌椅成為孩子的書寫閱讀區，另一處鋪上地墊成為遊戲區，盡可能將各區分開。如此便能幫助孩子養成在一個區域只做特定的事情的習慣。當提供了明確的空間，孩子就會知道什麼事情該在哪裡做，大人也容易監督孩子是否有持續待在一個地方操作，久而久之，就能建立起好習慣了。

✅ 從簡單有趣的做起，大人引導不指導

> Point ▶ 看到自己的進步，一起玩更好玩

觀察看看，孩子無法持續操作的原因是什麼。是不懂遊戲怎麼玩，摸兩下就走？還是覺得太難一碰到挫折就生氣不玩？又或是覺得活動太無聊了不想做？來試試以下方法吧！首先，將難度降低、縮短操作時間，讓孩子努力一下便能完成，強化孩子的勝任感和動機；再來，變換各式玩法，重新抓住孩子的注意力和興趣，拉長操作時間；當孩

用餐行為

穿衣與盥洗行為

日常移動行為

其他生活行為

遊戲行為

學習行為

子挫折時，也從旁給予鼓勵，講出好的表現，讓孩子看到自己的努力；最後，只提供少量的協助，目的在鼓勵孩子持續解決問題，而非全部丟給大人做。這些方法簡單卻精華，能有效地幫助孩子專心做好一件事。

✅ 設定時間，每日練習

Point ▶ 持之以恆，提升安坐持續力

15 分鐘不嫌短 30 分鐘不嫌多，每天陪同孩子練習坐在桌椅前玩遊戲。從孩子有興趣的活動開始，從一開始 10 分鐘就要換一個活動到一項活動可以玩 20 分鐘，不管是塗色、貼貼紙、黏土創作、運筆、剪紙勞作、拼圖等，藉由每日規律的接觸，增加孩子的定性。另外，還可以活用市面上販售的的生活小用具，像是：「視覺計時器」或「專注力時鐘」增加孩子對時間流逝感的理解。每天練習，加上大人的鼓勵和陪伴，孩子更有動力。

✅ 檢視作息，減少 3C 使用時間

Point ▶ 重建健康生活

長期的 3C 育兒模式，除了養成被動接收的模式外，也讓孩子不喜歡要主動思考和耗費心力的事情。加拿大研究結果顯示，5 歲以下，每日使用 3C 超過 2 小時，相較於只使用 30 分鐘以下者，前者出現注意力過動症的機率高出了 7 倍。美國小兒醫學會則建議，2 歲以下不應使用 3C 產品，2 ～ 5 歲的使用時間則應在 1 小時內，且大人應陪同使用。要孩子注意力好，就必須減少 3C 保姆的狀況。

親子遊戲這樣玩

1～ 2～ 3～ 4～

① 靜心練習

玩法

① 請孩子閉上眼睛坐著。

② 大人在一旁用沈穩緩慢的語氣唱數。唱數期間，孩子不能因風吹草動而張開眼睛，須閉眼安靜聽大人慢慢數到 1 ～ 10。

③ 依孩子狀況，從 1 ～ 10 的唱數，慢慢增加為 1 ～ 50，甚至 1 ～ 100。

 Tips 大人語調越慢，越能引導孩子跟著放慢呼吸，增加定性。

進階

當孩子能力進步，可設定 10 分鐘長度靜心冥想。

Tips 聽靜心音樂營造氛圍，或播放兒童靜心音頻，跟著指引來調節呼吸，練習內在覺察。

親子遊戲這樣玩

② 專注力遊戲

工具
- 一些連連看遊戲書
- 一些大家來找碴遊戲書
- 一些迷宮遊戲書
- 一些拼圖
- 一些積木

玩法

❶ 每天安排 30 分鐘，大人小孩一起玩專注力遊戲，透過操作類遊戲，越玩越專心。

❷ 練習連連看再上色，或是大家來找碴找出兩張圖不同的地方。

❸ 也可以和孩子一起玩拼圖、看說明書組裝積木。

進階

從簡單的難度開始練習，並逐漸增加難度，如少量的拼圖、簡單的組合步驟、明顯的不同處，玩出成就感後就能延續專注力。

Tips 鼓勵孩子每天操作，選擇完成度明確的活動，像拼圖要拼完才是完成，避免半途而廢。

2 拿筆姿勢怪，總是握拳寫字。

□ 單手握住好幾個硬幣投錢，錢卻總是從掌心掉出。
□ 肌耐力弱，手指軟綿綿，做事沒力。
□ 不會串珠。
□ 不會轉開和關起瓶蓋。
□ 撕不起貼紙，黏貼對不準位置。
□ 手指謠遊戲，比不出數字 2、3。
□ 不會開闔剪刀。

　　雙手萬能，生活大小事要處理得宜，手指頭的靈活角色實在功不可沒。從嬰兒時期的握拳揮舞，到開始出現手指的動作，像是：能耙抓食物吃、用指尖撿起地上的頭髮，再到 3 歲時，能用大拇指、食指和中指握筆畫畫。這一步一步看似小小的進展，都是發展手部精巧度和靈活度的基礎。

　　但孩子卻掌心握筆畫畫、拿筆姿勢像拿毛筆、夾筆寫字、筆桿向前傾斜。咦？怎麼過了 3 歲，孩子握筆姿勢百百種，但就是不會好好的拿筆，發生了什麼事？

▲ 孩子 3 歲時，能用大拇指、食指和中指握筆畫畫。

用餐行為

穿衣與盥洗行為

日常移動行為

其他生活行為

遊戲行為

學習行為

原因與影響

❶ 手功能動作不佳

　　人體構造精密，雙手更是演化出執行精巧動作的重要功能。從 0 到 3 歲的「手功能」發展來看，會先後出現：小指側抓握、手掌面抓握、指尖耙物、戳、摳，再到配合大拇指的撿、撕、貼、捏、轉，最後進階到掌內操控。這一系列的發展形成了人類操作的基礎，但當這些表現出狀況，就影響著我們能否得心應手地使用各項工具。

❷ 手指分離性動作差

　　一般而言，不論是拿起筆，使用剪刀還是拿筷子吃飯，我們的後兩指（無名指和小拇指）都會彎向掌內，扮演著「穩定」手部的角色；前三指（大拇指、食指和中指）則負責拿工具，形成「操作」的角色，這樣的動作就稱為：「三點抓握」。一個成熟有效率的抓握，代表著負責「穩定」和「操作」的指頭是能協調分離做事的。觀察看看，滿 3 歲的孩子，照相時是否能比出「耶」，是不是能跟著唱跳手指謠呢？

❸ 肌耐力弱，虎口穩定性不佳

　　書寫是細緻的表現，當手指沒力氣，自然會使用手掌握筆的方式增加下筆的力道和穩定度。另一方面，當大拇指和食指圈起的空間「虎口」，呈現緊閉夾筆無法張開維持 C 型時，也無法有效書寫。此外，寫字會運用到的「掌內肌」在 5 歲過後才會發展成熟，過早提筆寫字，掌內肌未發展成熟，會迫使孩子用身體其他的大肌肉做代償，而出現寫字時手腕向內彎、手臂上抬，甚至聳肩等不恰當的動作。

試試這樣做

✅ 觀察握筆姿勢

Point ▶ 手指靈活虎口穩定，握筆姿勢 get ready ！

3 歲前握筆

手心朝下

手心朝上

3～4 歲握筆

- 出現「三點握筆」。
- 虎口張開，不緊閉夾筆。
- 能在範圍內著色。

5 歲握筆

- 能「三點握筆」或四點握筆」。中指或無名指抵著筆桿下方。
- 虎口張開，不緊閉夾筆。
- 握筆位置適當，不過低快碰到筆尖。
- 筆桿斜躺虎口，不直立。
- 手腕不內彎，能微調指頭，運筆畫畫。

用餐行為

穿衣與盥洗行為

日常移動行為

其他生活行為

遊戲行為

學習行為

✅ 選用不同形狀畫筆

Point 自然形成手弓，抓握發展更輕鬆

現在坊間出有非常多的無毒塗彩用具，家長可以依家中孩子的年齡層做挑選，像是：適合 2 歲的蓋章式點點筆、可多面抓握的滾滾石蠟筆、酷蠟石；能誘發 3 歲做出「三點抓握」的水滴蠟筆、錐形蠟筆；適合 4 歲的大三角粗蠟筆，和 5 歲以上的三角洞洞鉛筆。使用符合發展的畫具，孩子自然握的漂亮又輕鬆。

✅ 挑選合適握筆器

Point 直覺調整，幫助改善習慣的錯誤姿勢

當孩子過了 4 歲卻仍握拳拿畫筆，這時就可以選用合適的握筆器做動作引導。美國 The pencil grip 研發了六種針對不同執筆表現的握筆器，有：大／小粗三角、大／小梨形、蝶型、橇型握筆器。抓握的回饋感適中，且左右手皆適用，可依照孩子的年紀和抓握狀況作挑選，或是諮詢職能治療師喔！

▲ 美國 The pencil grip 握筆器。

✅ 書寫前先暖身

Point 「小牛耕田」喚醒上肢大小肌肉做準備

看似平凡的書寫動作，上從肩膀、手肘，下到手腕手指都息息相關。在書寫前先完成上肢肌肉關節的暖身，就能事半功倍。試試看，在書寫前，請孩子手掌撐地，手肘伸直，屁股趴撐在小椅子上，維持在此姿勢下玩 10 分鐘拼圖；或是「小牛耕田」（如右頁圖），由大人

抬起孩子雙腳，讓孩子手掌趴撐著向前走三到五回。這些遊戲不僅醒腦好玩，還能在開始寫字前，喚醒肩胛骨到手腕的大小肌肉，讓坐姿勢更穩定，書寫變得更輕鬆有效率！

✅ 多元操作經驗

Point▸ 放手讓孩子做

　　手腕是由多塊骨頭組成的，和掌內肌一樣需要時間發展，過早提筆練寫注音和國字反而容易揠苗助長。建議 0 ～ 5 歲的孩子應盡可能的「探索多元遊戲」，如：塗鴉、組裝積木、玩黏土、玩沙水、盡情地跑跳攀爬翻滾。同時學會操作開關和生活工具使用，像是：自己關燈、開門、穿鞋襪、刷牙、用湯叉及玩工具組當小小技師用螺絲起子鎖螺帽等，越多元的操作越好！待發展年紀到位，手部肌肉骨骼發展成熟，拿筆寫字自然水到渠成。

▲ 小牛耕田。

用餐行為

穿衣與盥洗行為

日常移動行為

其他生活行為

遊戲行為

學習行為

親子遊戲這樣玩

1 水果攤開賣囉！

工具
- 數支夾子（如小冰塊夾、隱形眼鏡夾、曬衣夾、學習筷）
- 一些小積木
- 一些各色毛球
- 4～5 個顏色與積木或毛球相對應的小容器（如布丁盒、套疊杯、小盤子）

玩法

1. 請孩子用「三點抓握」拿夾子，同時抓一個小積木或毛球當成錢包，藏在手心。

2. 依顏色特徵，假裝紫色毛球是葡萄、綠色積木是奇異果，用夾子夾到指定（或顏色相同）的小容器裡。

3. 看看小小老闆能不能抓好手裡的錢包，快速將水果分類完成！

進階

可在遊戲中增加數學概念，如客人上門囉！請老闆把水果分門別類擺好，準備開張做生意囉！請孩子夾出正確數量的水果給客人，如：爸爸要 3 根香蕉、2 顆奇異果。或者也可以使用不同的夾子來調整難度。

Tips 請孩子用「後兩個指頭」藏好錢包，引導無名指和小指做出彎曲抓握的穩定動作，操作夾子時，手中的錢包要想辦法抓好不掉出喔！

② 小小拓印創意家

工具
- 幾支斷掉的短蠟筆
- 幾支彩虹筆
- 1 張薄白紙

素材
- 一些不同大小圖案的硬幣
- 1 片葉脈明顯的葉子和花草
- 1 個氣泡包材
- 一些雪花片

玩法

① 將彩虹筆內的各色蠟筆取出，或者也可用一些斷掉剩 2 ～ 3 公分的蠟筆。

② 將蒐集到的各種紋路表現的素材，墊在白紙下，用短蠟筆拓印出圖案創作。

③ 請孩子一手壓住素材，另一手順勢用「前三指指腹」抓拿短蠟筆在素材上拓印創作。

進階

若選用較厚的紙張拓印孩子需要更用力；運用短蠟筆只能前端拿握的特色，提升前三指抓握動作，並增進指尖送力的經驗形成。

Tips 請孩子虎口自然打開，一手固定素材，一手操作，更能促進雙側協調。

133

用餐行為

穿衣與盥洗行為

日常移動行為

其他生活行為

遊戲行為

學習行為

3 常常有聽沒到，聽過就忘！

- ☐ 記性不好。
- ☐ 做事沒效率。
- ☐ 無法一心二用。
- ☐ 即便是每天都在做的事也經常忘掉。
- ☐ 只要指令或事情步驟一多，就做不好。

　　才剛講完交代的事，孩子不是靜悄悄沒反應，就是事情只做一半？提醒後，做一做卻仍然跑過來說忘記了。場景是否似曾相似？有時候看得出來孩子只是太專心在操作手邊的事情而沒注意大人的叫喚，但如果大部分的時間孩子都容易丟三落四，難以將交代的事情流暢地完成，總是需要人提醒，這時候就該來好好檢視一下囉！

原因與影響

❶ 大腦警醒度調節不佳，注意力渙散

　　要將事情放心上，警醒度要有！大腦警醒度低，就會像剛睡醒一樣，對所有事情的接收處理都慢，而容易出現動作慢吞吞、反應慢、常發呆的情形；反之警醒度過高，則會讓人對一點風吹草動都感到不適，表現出焦慮、緊張、坐立難安，甚至害怕的狀況。

　　那剛剛好的警醒度狀態呢？一天當中精神最好做事最有效率的時候就是了。一般來說，大腦警醒度會隨著一日作息起起伏伏，但大部分清醒的時間都和適中的狀態相距不遠；而大腦警醒度調節不佳的孩

子，則容易處於過高或過低的狀態，導致無法有效的接收和處理訊息，而出現注意力渙散和常常有聽沒到的現象。

❷ 記性不佳，聽覺記憶短

孩子是不是對落落長的內容無法處理，聽過即忘？大人經常誤認這些孩子做事不夠認真，卻忽略了背後潛藏的狀況——孩子可能記憶力短暫、聽覺記憶力不佳。「聽覺記憶」是指，聽完一串指令後大腦能夠記住指令的順序和細節；如果「聽覺記憶」出了狀況，孩子就無法同時記住和處理太多的資訊，而顯現出忘東忘西的表現。

❸ 組織力不好

良好的組織力，能幫助我們依循自己的想法、輕重緩急、細節順序等，把事情分解成不同步驟，再有效率的串連完成。欠缺組織力的孩子，容易顯得雜亂無章，需要反覆確認和來回調整後才能做好一件事。在這樣的狀況下，孩子雖然知道大人交代了什麼，卻無法流暢地完成任務，不僅無法一心二用，一來一往的，也就容易漏掉細節，做不好事了。

試試這樣做

✅ 叫喚名字，聽到回應再說話

Point 喚醒大腦，注意力到位

首先得抓住孩子的注意力！大人可以先叫喚名字，確認孩子回應後，在準備進入正題前，加問一句：「寶貝，可以請你幫忙嗎？」或是「我需要你做一件事情。」多說的這一句話，幫助孩子的大腦快速暖機，作好接收指令的準備，還能讓孩子預備好要專心聽接下來的內容。此

用餐行為

穿衣與盥洗行為

日常移動行為

其他生活行為

遊戲行為

學習行為

外，大人也能透過孩子當下的回應，了解孩子是否能夠馬上執行，或是需要將手邊事情告一段落後才能開始，有效幫助雙方快速達成共識，孩子做起來也更有效率。

✅ 操作前，請孩子說一次交代內容

Point 複述內容，增強自我提醒

如果不確定孩子是否聽懂內容，或是擔心孩子左耳進右耳出的，請孩子「再複述一次交代事項」就是很好的自我提醒方法！大人也能從旁確認孩子到底記得多少內容，遺漏掉的地方也能馬上提醒。如果發現孩子反覆講述仍有所缺漏，可能代表著孩子有「聽覺記憶力」和訊息處理不佳的狀況，此時大人就可以簡化指令並縮減任務，讓孩子嘗試著分階段講述和執行。

✅ 活用便利貼，把「提醒視覺化」

Point 建立自我思考習慣，提升效率

有時候非當下要做的事情，如早上出門前提醒孩子記得把作業單和色筆帶回家，或是老師交代明天要帶一本喜歡的書到學校分享。這種時候孩子通常答應後轉頭就忘，尤其組織能力不佳的孩子更是明顯。其實不管大人小孩，善用生活中的小道具，就能幫助我們不用記得天下事，也能做好每件事！

推薦使用便利貼，在預先交代的同時，寫上文字或者讓孩子自己畫上圖案，貼在顯眼的地方像是：書包上蓋內側，或是家門上來做提醒；讓孩子從被動地「聽」大人撈叨，改為要主動地「看」便利貼來自我提醒。重點是，能夠活化孩子的大腦主動思考處理事情，不依賴大人成習慣，而且視覺化的提醒方式對「聽覺記憶力」較弱的孩子也很友善喔！

✔ 一起設計 check list，「開放式問句」不再忘掉每日作息

Point ▶ 有趣好玩有動機，做事不再三催四請

一同和孩子製作「打勾勾表單」吧！重點是「一起做」。聽過許多家長說，「治療師我也有試過，但他都有一搭沒一搭地用啊！」原來都是大人單方面列出再要求孩子照表操課。其實，只需要多幾個步驟，孩子就會超愛這個「打勾勾表單」。秘訣是：邀請孩子參與，一起討論決定要寫上的事項，然後像做勞作一樣讓孩子畫上插圖和著色，最後護貝起來貼在房間牆上，就是一件實用的作品囉！如果再搭配上操作性的元素，像是：除了打勾、蓋章，還可以在每個項目的兩端各貼上一個性磁鐵，只要做完一項就可以將頭尾兩端的磁鐵貼闔起來完成，孩子不愛都難！

如果孩子忘了看打勾勾表單，大人可以用「開放式問句」──「回到家了應該要做什麼呢？」「咦，還有事情沒做完呢？」引導孩子主動思考和看表單，而非直接告訴孩子「你還沒洗手」，一旦少了主動思考的過程，就難以內化成習慣了。

✔ 接觸益智遊戲，增加桌遊經驗

Point ▶ 促進動腦思考，培養認知和訊息處理能力

每週安排家庭時間，陪同孩子玩各式益智遊戲和桌遊。坊間桌遊選項豐富，從撲克牌、圈圈叉叉、五子棋到疊疊樂、賓果、合作桌遊等，都能透過不同的遊戲特性，在歡樂中增進孩子的注意力、記憶力、反應力、組織和社交互動能力；不僅可以從中訓練孩子在接收和處理訊息的速度，還能共創美好家庭時光，真的是很推薦的家庭活動！

用餐行為

穿衣與盥洗行為

日常移動行為

其他生活行為

遊戲行為

學習行為

親子遊戲這樣玩

① 耳聰手快

玩法

① 請孩子閉起眼睛，注意聽大人的指令。

② 大人說 3 ～ 5 步驟指令，如：「按照順序摸膝蓋——肚子——眉毛——肩膀」，「先拍三下手再拍兩下頭」。

③ 請孩子記住大人說的一連串指令，並試著依序做出指令動作。

Tips 從多步驟指令中，練習「聽覺記憶力」和組織處理訊息的能力，而請孩子閉起眼睛能夠減少視覺干擾，提升聽覺敏銳度。

進階

遊戲時，孩子可以口頭邊說題目邊做，或是嘗試不說話只做動作，以減少口語提醒，增加難度。

② 桌遊時光──尋夢旅程

工具 ● 1 組桌遊尋夢旅程

玩法

大家一起用卡牌編織夢境，最後再回憶重述出夢境內容（細節請參閱內附說明書）。

❶ 以計時器設定一回合遊戲 2 分鐘。

❷ 時間內，大家一起想辦法出掉手上的卡牌來編造夢境。

❸ 2 分鐘時間到，停止做夢，並試著從第一張卡片開始回憶、講述夢境，答對即可加分。

Tips 考驗孩子的敘事能力、注意力、和邏輯創造能力，大家一起編出光怪陸離的奇幻夢境，好笑又好玩。回憶夢境時，能喚醒大腦的記憶功能，促進記憶能力。

用餐行為

穿衣與盥洗行為

日常移動行為

其他生活行為

遊戲行為

學習行為

4 換來換去，做事沒有慣用手。

□ 吃一頓飯，湯匙兩手換來換去。
□ 拿筆畫畫沒有固定手。
□ 東西靠左邊用左手拿，靠右邊用右手拿。
□ 左右開弓，但兩手都做不好。

　　當發現孩子做事一下子用左手一下子用右手，似乎沒有慣用手出現，家長需要擔心嗎？到底慣用手的出現代表了什麼？乍看之下，孩子是否有慣用手看似不影響生活，也鮮少被注意，但卻是協助家長觀察孩子大腦是否出現「分化」的指標之一。良好分化的大腦可幫助孩子在後續的動作發展如虎添翼！

原因影響

❶ 左右大腦半球，分化不成熟

　　慣用手確立，代表慣用腦的出現。一般而言，孩子會在 2 歲左右發展出慣用手，習慣用某一側的手拿取東西操作，另一側則扮演固定和輔助的角色。慣用的對應側為主責腦，另一方則為輔助腦。兩側大腦分工合作，就是肢體協調運作的開始。當主責腦和輔助腦的角色未形成，身體兩側動作的分工和協調能力便受影響。

❷ 精細動作不佳

　　孩子受限於手指精細動作不佳，無法協調有效率的做出打開、關起、旋轉、掌內推送、在指尖調整物品等動作，就容易出現一隻手做不好就換另一隻手試試的狀況，或是乾脆兩手一起操作的情形。當兩隻手時常換來換去，就難以發展出慣用手了。

❸ 兩側跨越身體中線吃力

　　在身體中心畫一條隱形線，區分成左側和右側邊，這條線稱為「身體中線」。一般來說，在不轉動身體的狀況下，肢體能輕鬆的跨越「身體中線」到對側，像是右手去碰左邊的肩膀、拿起左邊的積木；但跨中線有障礙的孩子，會避免做出手伸向對側的動作，而變成下意識轉動整個上半身去拿取物品，或直接換手操作，呈現出「右邊東西右手拿，左邊東西左手拿」的情形，避開要跨越「身體中線」的情形（如下圖）。

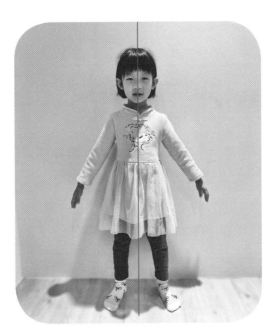

▲ 身體中線示意圖。

用餐行為

穿衣與盥洗行為

日常移動行為

其他生活行為

遊戲行為

學習行為

試試這樣做

✅ 生活中觀察慣用手

Point▶ 從遊戲和自然情境中推敲

測驗一下，答案較多的，就可能為孩子的慣用手唷！

觀察項目	紀錄
★ 從中間遞東西，孩子伸出哪一隻手來拿呢？	
★ 孩子用哪隻手撿起在雙腳中間的積木呢？	
★ 丟球用哪隻手丟呢？	
★ 在孩子正對面，手伸到中間，孩子會用哪隻手把雙手拿著的玩具交給你呢？	
★ 來場親子爬行比賽吧！來回碰兩側牆壁，孩子多抬起哪隻手拍牆？	

✅ 找出換手元兇

Point 避免跨中線困難影響慣用手發展

孩子是否有左邊東西用左手拿，右邊東西右手拿的情形？孩子是否無法流暢地跨過身體中線拿對側的物品，而是需要搭配上半身的轉動面向物品才能拿？試試看，收玩具時，將玩具統一放在一側腳邊，玩具箱在另一邊，讓孩子用靠近玩具箱的手去拿取對側玩具收拾到玩具箱中，兩手皆可交替練習。如已出現慣用邊，但仍不穩定使用，則直接以慣用邊去練習。

✅ 玩雙手共用遊戲

Point 各司其職，促進雙側協調發展

鼓勵孩子使用較常用的慣用側來操作工具，另一手則幫忙做輔助，當兩手都有事做，就不會換來換去！例如：一手拿夾子另一手握著小罐子，把豆子夾入罐子中；練習用湯匙舀起珠子放入另一手捧著的碗內；一手拿蠟筆另一手壓住紙張玩拓印遊戲；或是一手拿滴管另一手拿著裝有顏料的養樂多瓶玩暈染遊戲。

✅ 避免更改慣用手

Point 大腦空間概念不混淆

一般而言，孩子在成長過程中會自然而然地發展出偏好使用的一側。但如因大人關係而要求孩子更改慣用手，不僅未來寫字容易出現左右顛倒的鏡像字，也會影響空間概念形成，使孩子容易出現挫折、緊張、自我懷疑的情緒，及和大人之間的衝突增加的狀況。

因此，不論以大腦適性發展的角度，或是親子關係的建立，不建議因為外在因素，如無法握著孩子的手教寫字、吃飯筷子會和鄰座打架，而更改孩子的慣用手喔！

用餐行為

穿衣與盥洗行為

日常移動行為

其他生活行為

遊戲行為

學習行為

親子遊戲這樣玩

1 我是投籃高手

工具
● 一疊報紙
● 1 個箱子

玩法

❶ 大人和孩子在地上坐定位，前面各放一疊撕成 A4 大小的報紙，並將箱子置於前方維持一定距離。

❷ 請大人和孩子輪流拿一張報紙，用兩手揉捏成團，再單手用較常使用的慣用手，將紙團朝箱子投擲。

❸ 比賽誰投進比較多的紙團。

進階

可調整與箱子的距離，愈遠愈有難度；或者增加投擲的次數。

Tips 請孩子使用常操作的慣用側投擲，並和箱子維持一定距離，以創造投擲感。

144

② 模仿大王

玩法

由大人說，「請你跟我這樣做」，並做出兩側交叉的動作，請孩子跟著模仿。

動作範例：

1️⃣ 雙手交叉摸膝蓋。

2️⃣ 大象和小象（一手摸鼻一手穿過其中）。

3️⃣ 一手叉腰一手畫大圈，身體不晃動。

4️⃣ 手拍打對側肩膀／摸對側耳朵。

5️⃣ 手叉腰肩膀不動下，扭腰擺臀。

6️⃣ 腳向前彎起，腳心朝上，用對側手拍腳底，兩側輪流，再向後拍。

進階

動作範例愈往下愈難，家長也可以和孩子一起設計更複雜的動作。

> **Tips**
> 促進跨中線動作，增進孩子的兩側協調力，營造輕鬆好玩的氛圍最重要！多玩孩子做的來的動作，做不來的可以協助牽著孩子的手腳做。

用餐行為

穿衣與盥洗行為

日常移動行為

其他生活行為

遊戲行為

學習行為

5 動作慢吞吞，做事經常發呆。

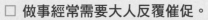

□ 做事經常需要大人反覆催促。
□ 不容易覺察到自己正在發呆。
□ 持續專心完成一件事有困難。
□ 做事步調緩慢常跟不上團體。
□ 活動量相對低且肌耐力不足。

　　孩子做事經常發呆，多半是被環境中的其他事物吸引，可能是專注看著他人而停下手邊正在做的事，或盯著某處呈現放空的狀態。發呆的孩子，大腦是處於「被動式」接收環境刺激而非「主動性」的覺察與思考。其實人人都具備專注做事的能力，想像一個孩子能專心自己看著故事書，卻無法專心跟著團體聽老師說故事，兩者差別在於「專心」無法在適當的情境下好好地發揮出來，讓自己能順利完成他人交代的任務、做好份內該做的事情和好好的學習。

　　不專心是大腦發出的警訊。儘管是每日重複執行的任務也無法專心完成，或經常提醒但依然跟不上團體的速度。此時要幫孩子找出發呆背後的原因，可能是遇到困難、對學習動機低、睡眠不足、體力不佳或認知跟不上等多重因素造成。找出容易發呆的情境、了解孩子目前生理與心理狀態是否健康，並提供適當的引導策略，是幫助孩子大腦能「主動參與」的關鍵。

原因與影響

❶ 大腦警醒度低

　　大腦警醒度低，對環境刺激的反應較遲頓，容易給人慵懶、狀況外的感覺，但警醒度過高也不好，太過敏感以至於對環境中的大小刺激都做出反應，容易有衝動行為與做事缺乏組織性。警醒度低的孩子，想像他的大腦是一盞燈光微弱的燈泡，無法維持一定的明亮度，給人精神佳的感覺。

❷ 前額葉皮質尚未成熟

　　前額葉是大腦的執行長，與自我控制能力息息相關。大腦容易受外界刺激干擾而分心，無法清楚當下什麼事是重要、需優先完成的。如同泡茶的濾網，孔洞太大茶葉渣就會流進杯子，讓不相干的刺激進入大腦做反應，而密度好的濾網能將茶葉過濾乾淨，倒出一杯乾淨的茶，就是一次專注一件事情的表現。

❸ 肌肉張力偏低

　　整體肌力與肌耐力不足，無論是軀幹的力量還是手腳的靈活度。這類孩子通常運動量低、偏愛靜態活動、玩動態活動持續的時間不長，在公園玩遊具經常換來換去玩不久。當維持姿勢一段時間都感到困難，專注力自然難以發揮。

▲ 肌耐力不足的孩子通常運動量低、偏愛靜態活動。

147

用餐行為

穿衣與盥洗行為

日常移動行為

其他生活行為

遊戲行為

學習行為

試試這樣做

✅ 提升運動量

> **Point** 啟動大腦反應力，如同發電機提供能量的來源

運動能有效提升大腦警醒度，讓腦細胞連結更加活絡，增加對指令的吸收與反應，還能提升肌肉張力。建議玩擺盪、旋轉、彈跳、攀爬和加速度類的遊戲，像是：盪鞦韆、旋轉盤、彈簧床、攀爬網、溜滑梯，或是跳繩、足球、直排輪、腳踏車等技能來增加肌力與耐力，當大人做行為引導與訓練時，孩子收到指令才會有更好的吸收效果。

✅ 將做到的事與「快」連結

> **Point** 多給予鼓勵，成為孩子心中的「多功能父母」

從生活細節找出好行為，具體鼓勵孩子讓他明白「我是可以做到的！」和「大人有看見我的好。」像是：「今天提醒一次，寶貝就能快快收好自己的杯子，怎麼做到的呢！」或「早上音樂放完，就馬上起床穿衣服，做得真好！」增加大人的角色功能，您的出現不是只有提醒與叮嚀，還有鼓勵與讚美。

✅ 分階段設定目標，先降低過關標準

> **Point** 讓孩子感受「跟上」的感覺

動機不佳的孩子，做行為約定是相當容易放棄的。有時堅持要孩子自己完成，在大量的催促下雖然完成了，卻往往超過約定的時間，依然無法享有獎勵，形成負向循環。大人可視情況提供協助，但記得最後一步讓孩子自行完成，創造出「我有把任務做好的感覺」。例如：孩子在穿鞋，大人幫忙調整後腳跟，但最後的黏扣動作給孩子做。事後鼓勵孩子，剛剛哪些地方做得好又快，提高想繼續表現的動機。

✅ 建立「結構化與儀式感」

> Point ▶ 專注能力可經由後天習得，透過培養而茁壯

在固定時間、固定場合，做固定的事情即是儀式感。動作慢、發呆的孩子，無法持續專注在自己的活動上，藉由結構的作息安排，例如：洗完澡，在固定的角落桌椅區、背景放著輕音樂，陪伴孩子玩靜態專注力遊戲，像是：拼圖、畫畫、寫字、樂高或組裝積木，大人提供專心的情境，幫孩子去感受專心的感覺。

✅ 為不專心的行為負責

> Point ▶ 讓分心有感覺，增加自我覺察與控制力

若口頭提醒效果有限，如「講好多次，不要再看旁邊了。」這時可增加「動作提醒」，讓孩子知道分心會有直接後果，是可以看到跟感受到。像是：玩拼圖一直看同學，分心一次就拆除3塊已拼好的圖片，讓孩子回頭看見自己的拼圖少了，或著色時眼睛每看一次別處，就將手中的畫筆抽掉，讓孩子意識到自己剛剛分心了。

✅ 理解「快」背後的意義

> Point ▶ 建立時間概念，並向孩子說明大人背後的擔心與期待

試著站在孩子的角度思考，為什麼動作要快？ 3～6歲孩子時間概念尚未發展成熟，但只要在任務後給孩子喜愛的獎勵，通常很快就可以完成。由此可知，孩子把「快」建立在獎勵上，與大人清楚晚起上班會來不及、動作慢會搭不上車是不一樣的認知。因此提醒動作快之外，記得說明後面的原因，像是：「專心穿鞋，媽媽上班才來得及，不然騎太快好危險」或「你很細心，書包盡快收拾好，才能幫忙發作業給大家喔！」

用餐行為

穿衣與盥洗行為

日常移動行為

其他生活行為

遊戲行為

學習行為

親子遊戲這樣玩

① 我是闖關王

工具
- 2 ～ 3 組靜態遊戲
  （如 10 片內的拼圖、疊積木、著色圖、桌上吹瓶蓋、串珠、夾夾樂）
- 2 ～ 3 組動態遊戲（如套圈圈、凳子、跳跳馬、球、障礙物）

玩法

❶ 與孩子一同討論要設計哪些關卡。

❷ 動態與靜態遊戲，可穿插安排，訓練孩子「聽指令→立即做反應」的能力。

❸ 大人給予一連串的遊戲指令，「注意聽！拼汽車拼圖→串 2 顆珠子→推球 2 下，開始！」

❹ 2 ～ 3 歲的孩子，遊戲指令的數量少，建議可穿插需重複動作的遊戲，像是用夾子夾完 10 顆小積木。

進階

增加關卡數量，像是一次從 2 個遊戲變成 4 個遊戲，並限制完成的時間，會更有刺激感噢！

Tips 依孩子的年齡、對數量的認知與擅長的遊戲開始，先有成功闖關的經驗。

② 家事小達人

工具 ● 幾組適合孩子操作大小與重量的家事工具（如小掃把、小方巾、小垃圾桶、小容量冷水壺）

玩法

❶ 將孩子生活空間劃分明確，像是：玩具區、閱讀區、吃飯區、地面區。

❷ 安排簡易的任務，如清掃食物屑和垃圾、擦桌子、消毒玩具、將小垃圾桶垃圾倒進大垃圾桶、餐前準備碗跟湯匙或自己裝水喝。

進階

待孩子任務做得不錯，可增加指令難度，如「先清掃食物屑，再擦桌子」，從生活經驗中，練習專心把事情做好。

Tips 下指令的時間點於「講完後立即做最好」，讓指令與開始執行的時間差縮到最短，但一樣可以做「事前預告」。

用餐行為

穿衣與盥洗行為

日常移動行為

其他生活行為

遊戲行為

學習行為

6 著色總是超出範圍或填不滿。

□ 著色時明顯的超出圖案的邊線。
□ 通常會整隻手臂在揮動。
□ 塗色的筆跡方向都相同。
□ 圖案經常是整大片的塗。
□ 畫在範圍內但留白處多。

「無範圍」的隨意塗鴉，是孩子一開始的畫圖方式。隨著認知與手功能進步，慢慢理解塗鴉要在「紙張上」的概念，並區分桌面與紙張兩者空間的不同，接著才是「紙張內」的繪畫，發展出自由畫、仿畫與範圍內塗色的能力。

4 歲孩子開始發展範圍內著色的概念，這裡指的不是精準的畫在範圍內完全不超出，而是看得出孩子有區塊的概念。

「著色」不僅幫圖畫增添豐富性與精緻度，也能反應 3～6 歲孩子在視覺空間、手腕穩定度、視覺專注力與做事耐心的能力。孩子總是隨意畫幾下就說我好了，或是超出邊線依然繼續塗，除了考量手功能的發展，還需思考孩子認知到的標準，因為著色不像拼圖、點數有明確的對與錯。此外，塗色是眼睛持續注視、手持續揮動的重複動作，興趣與動機相對重要。因此別忘了建立孩子對著色的認知標準與興趣，訓練效果才會事半功倍。

原因與影響

❶ 尚未有「範圍」的概念

大人認知的塗色標準與孩子不同,對孩子來說也許圖案有上色就好,對大人而言圖案空白處必須填滿且不能超出才是完成。此外,孩子可能尚未發展出區辨圖案背景(空白底)與主體(圖案)的視知覺能力。

❷ 手腕無法提供良好的穩定性

若孩子著色時手腕沒有靠在桌面上,而是整隻手臂跟著畫筆的方向在活動,等於孩子在著色時要控制的是手臂的大幅度移動,非手腕和手指的小幅度動作,相對圖畫的精細與精準度會比較差。

❸ 手腕與手指間的動作不流暢

隨著圖案輪廓變化與範圍大小的不同,畫筆的線條會順應著做調整,可能一下直線畫、一下橫線畫或斜線畫,需要手指靈活的移動與手腕的配合,若孩子只有朝固定方向的揮動,無法因應圖案做改變,圖畫的呈現就比較僵化。

❹ 注意力與耐性缺乏

畫圖屬於創作遊戲,可以任由孩子發揮、選他喜歡的顏色、畫出自己天馬行空的想像,而範圍塗色只是繪圖的其中一項技能。對孩子來說,重複的填色動作相對乏味,經常前面控制的不錯,但後面出現隨意塗的情形,影響著色品質。

153

用餐行為

穿衣與盥洗行為

日常移動行為

其他生活行為

遊戲行為

學習行為

試試這樣做

✅ 建立範圍內的概念

Point➤ 讓彼此對填色有相同的畫面認知

　　大人用生動且貼近生活的比喻，讓孩子理解塗色的標準。像是「跟吐司塗果醬一樣，要塗的滿滿的，咬的每一口才好吃喔！」、「沒塗滿的地方，像衣服破了洞，露出白白的身體」、「果醬塗到外面的桌上去了，好可惜！」改變制式的指導語，用孩子更能體會的言語，增加對著色標準的理解。

✅ 「覺察」超出範圍的地方

Point➤ 將圖畫間彼此做比較，發現要點

　　孩子交出成品時，大人不需急著立即糾正錯誤。先反問孩子「你覺得哪邊衣服破掉了？」、「你有發現哪一塊果醬跑到桌子上了嗎？」讓孩子練習指出來。另外，大人可以畫出三種樣子的著色圖，全部在範圍內、線條超出範圍 0.5 公分和線條超出大於 0.5 公分，請孩子選出過關的圖案是哪一個。若孩子離塗在範圍內的表現還有一段距離，可允許孩子先部分超出，以 0.5 公分內為短期目標。

✅ 從「小範圍」的圖案做素材練習

Point➤ 學習控制畫筆的移動幅度

　　當映入眼簾的空白範圍越大，畫筆越容易隨意揮動，做出整隻手上下左右移動。建議概念尚未建立好前，不需急著買坊間的著色本，圖案區塊密度高且複雜的卡通圖，孩子反而容易出現整大片的塗色，建議大人先在畫紙上畫不同的幾何形狀、食物或交通工具等孩子喜愛的簡筆畫當作圖案；或把畫紙摺小到跟圖案差不多大，讓孩子一次專注於一

個區塊。大人也可以先把畫塗得不完全，請孩子將剩下的空白處填滿；或提供視覺提示，模仿看著已畫好的圖做對照練習。

✅ 加強手腕的穩定性與協調

Point▶ 練習手腕平貼桌面時，不同方向的活動

孩子 4 歲後若手腕經常騰空沒有靠著桌面，可將畫紙貼在牆上，讓前臂靠著牆面或在趴姿下進行，藉由身體的重量讓手腕能穩定的貼著平面。另外，需加強五個不同方向的運筆角度：繞圈畫像一顆球、垂直線像下雨、橫線像火車、右斜線像溜滑梯、左斜線像爬樓梯，讓手腕在固定的方向下做連續性的畫圖動作，同時前兩指或三指要能隨著塗色面積的大小，做流暢的彎曲和伸直，若有困難就從小範圍開始，大人扶著手腕，先專注練習手指的動作。

✅ 提升對畫畫的動機與信心

Point▶ 不批評也不比較，營造舒服的畫圖經驗

從孩子感興趣的圖案開始，並使用三明治讚美法，先讚美孩子的優點處，像是顏色鮮艷、認真塗；再提點不足之處，找出怪怪的地方，可能是留白太多或超出的線條過於明顯，接著再次肯定孩子的整體表現；若孩子一開始就缺乏興趣與耐性，此時大人的陪伴就相當的重要。另外，帶孩子體驗畫畫班，老師會使用不同的繪圖工具與從故事中找構圖的靈感，引導孩子畫圖的技巧。

用餐行為

穿衣與盥洗行為

日常移動行為

其他生活行為

遊戲行為

學習行為

親子遊戲這樣玩

① 蓋印章玩填色

工具
- 2～3 個印章
- 2～3 個圓形的容器
  （像是筆蓋或小的紙捲筒芯）
- 2～3 個印台
- 1 支點點筆
- 1 張圖畫紙

玩法

❶ 先在圖畫紙上畫幾個孩子喜愛的圖案或輪廓。

❷ 請孩子用蓋印章或手指印的方式，將圖案的「內」與「外」填色。如圖案裡蓋紅色的印章，圖案外蓋綠色的印章。

❸ 2～3 歲的孩子，可先從「圖案外」較大的範圍開始練習填色。能控制好不蓋到圖案主角，再開始蓋「範圍小」的圖案主體。

進階

增加圖案主角，像是一次有好多朵雲，把排版的密度提高，讓孩子更仔細的去觀察與控制。

Tips
遊戲過程，大人可把「範圍」比喻是一條河流上有一顆顆的大石頭；或一條馬路上停著不同的汽車，增加孩子區辨圖案背景跟主體的差別，藉此建立「範圍內與外」的空間概念。

② 框框畫

工具
● 厚紙板或紙箱
● 1 支剪刀
● 1 支美工刀
● 1 張圖畫紙
● 幾支不同寬度的壓舌棒
● 2～3 個紙杯
● 1 支畫筆

玩法

❶ 將紙箱剪裁成小塊，畫上不同的幾何形狀後，用美工刀把圖案割下，做出只有輪廓的中空模板。

❷ 協助孩子扶著紙板，以畫筆在紙板的中空範圍填色，從小面積開始。

❸ 也可將紙杯倒過來，利用杯底做著色練習。

進階

❶ 準備寬度不同的壓舌棒，或用厚紙板材切出不同寬度的長條形狀。

❷ 讓孩子直接在紙板或壓舌棒上著色，練習更小範圍的塗色，並提醒桌面與地板要保持乾淨。

Tips
藉由畫筆與邊框的碰撞回饋，讓孩子學習控制畫筆移動的幅度和角度。

157

用餐行為

穿衣與盥洗行為

日常移動行為

其他生活行為

遊戲行為

學習行為

7 準備書包或物品，經常遺漏。

□ 準備書包或餐袋，常漏帶東西。
□ 書包或袋子打開，總是亂糟糟。
□ 東西經常隨意擺，總是找不到。
□ 不擅長收拾與分類，起始困難。
□ 攜帶的物品，經常不小心遺失。

　　孩子在1歲半至2歲階段，就能理解大人在特定情境下，會做出某些特定的行為，藉由這些特定行為，讓孩子知道自己可以做什麼事。例如：看到大人拿鑰匙就知道要出門→會自己去鞋櫃拿鞋子出來，到了吃飯時間→會自己去拿湯匙跟圍兜。這就是「準備」的能力，亦即大腦將事件、情境跟相關物件做連結，當連結建立越穩固，孩子就會越清楚準備的品項，甚至發展出更全面的思考，例如：出門拿自己的鞋子外，還想拿自己跟媽媽的安全帽。

　　開始上學後，需要攜帶的學習工具和作業更多元。隨著記住的東西變多，準備與收拾的技能就需要更上一層樓。透過日常的練習，發展出做事情的組織力、計劃力與記憶力，包含該帶哪些物品、要放在哪個位置、該怎麼收拾跟整理，都是孩子能否將「準備」的技能好好發揮的重要因素。

原因與影響

❶ 缺乏收拾與整理經驗

孩子在學前階段，幾乎是大人幫忙準備好，直至低、中年級才開始認知應該要讓孩子獨立完成準備書包與物品的工作。大人突然放手加上技能非一蹴而就，事前缺乏練習又沒有提供好策略，漏東漏西的情形就會反覆發生。

❷ 組織與分類能力不足

造成孩子經常無法把自己周邊物品照顧好的原因。像是：該怎麼收拾與分類玩具、聯絡簿跟作業怎麼放進書包不會壓到、衛生紙等小物品放哪裡才找得到。如何開始和怎麼分配，對孩子而言是困難的。

❸ 記憶與提取有困難

看到鑰匙知道拿鞋子、看到湯匙知道拿圍兜，物件的關聯性強，但準備物品需想得更全面，不一定是當下情境會使用到的，孩子無法將「不相關的物件做連結」，記得這個卻忘了那個，例如：記得作業但忘記衛生紙、記得餐袋但忘記拿外套。

❹ 專注能力有限

無法一心二用，對於「同時執行或思考兩件事」有困難。孩子清楚該帶的物品，但明顯地只能專注於當下印入眼簾的事物並做直覺式的思考，像是一下課只記得收拾桌上的東西、趕著去公園玩而忘記椅子上的外套。

用餐行為

穿衣與盥洗行為

日常移動行為

其他生活行為

遊戲行為

學習行為

試試這樣做

☑ 從「歸位」開始訓練起

> **Point** 建立分類的概念

　　發展準備物品的技能前，多做「收拾訓練」，讓孩子及早學習玩具應該怎麼收納跟分類，例如：車子跟拼圖要分開擺、餐具跟切切樂放一起；或是帶孩子一起將採買好的商品歸位，都是很棒的練習。收拾可以讓孩子認識更多的物品外，還能提升做事情的組織能力。

☑ 給物品固定的擺放位置

> **Point** 善用環境與空間規劃，讓物品有自己的家

　　提供結構化的環境，讓孩子更清楚自己的物品放哪邊，自然就容易找到，並透過空間動線的規劃，給予明確的視覺提示。像是：把房間分成學習區、遊戲區、生活自理區（放衣服或牙刷）和房門口的掛吊區（掛外套與口罩），把容易忘記的生活小物，放在靠近門口顯著的地方。

▲ 提供結構化的環境，讓孩子更清楚物品放哪邊。

160

✅ 外出準備「小背包」

> **Point** ▶ 學習將物品做連結，增加收納與整理能力

　　幼幼班時期，陪孩子準備2項物品開始，如水瓶跟尿布；到了小班，能準備的物品更多，可以增加手帕和兩項玩具，無論是去公園、超市或圖書館，建立孩子外出帶背包的習慣。中班可改用有側袋和夾層的包包，放固定的物品，及早訓練孩子準備自己的東西；更進階的練習像是出遠門去旅行，引導孩子一起準備家人會共用的物品。

✅ 製作圖示清單

> **Point** ▶ 建立自我提醒與檢查的習慣

　　做事前討論，從情境去思考「我們需要帶什麼呢？」並提供策略讓孩子自我檢查有更清楚的方向，可以從「吃、穿、用、玩」去想需要用到哪些物品，再著手準備。大班以上的孩子，要準備的物品越來越多，把常遺漏的物品製作一張由上而下排列的圖片清單，讓孩子看著說一遍再開始準備。最後，大人要多做一步「隨機詢問」的動作，像是：「水杯在哪裡、鉛筆盒在哪裡」，孩子必須說出如「在前面的小口袋」，且說完要能立即找出來。

✅ 學習為自己的行為負責

> **Point** ▶ 承擔「自然後果」與討論適合自己的方法

　　大人過度保護、代勞與叮嚀，孩子會有沒準備好也沒關係、忘記帶也沒差的錯誤認知，如大人會幫我檢查、同學會借我、作業明天再交等。家長需事前與老師達成默契，當孩子忘記帶時，適度剝奪原先安排好的遊戲，或暫停參與等到大家完成後，才能借用同學的用具，甚至作業必須當下再寫一遍補齊，孩子就知道這樣會犧牲自己的娛樂時間。此外，與孩子討論準備時遇到的困難，請他想一個自我提醒的方式執行看看，讓孩子嘗試解決自己的問題，有時反而會有更好的效果。

用餐行為

穿衣與盥洗行為

日常移動行為

其他生活行為

遊戲行為

學習行為

親子遊戲這樣玩

① 物品擺放王

工具
- 多元物品（不同大小的空容器、故事書、玩具等）
- 數個不同大小的紙箱

玩法

❶ 請孩子想辦法將指定的物品，裝進紙箱裡。

❷ 中班的物品有擺整齊就過關，大班以上可要求紙箱必須蓋得起來才過關。

❸ 收納後請孩子回想「紙箱裡有哪些物品」，講出來得越多，越厲害喔！

進階

練習自己規劃空間，用紙板將紙箱空間做分隔，學習分類與收納物品。

Tips 藉由收納來提升孩子的「整理」與「記憶提取」能力。

② 動動腦，一起做準備！

工具
- 1 盒畫筆
- 4～8 張卡片

玩法

1 與孩子一起討論「情境題目」，例如：學校、美語課、公園，並畫出這些場所的示意圖。

2 與孩子一起畫出各種不同的「物品」，必須和上面設定的情境相關，例如：聯絡簿、書包、畫筆、水彩、外套、野餐盒等。

3 請孩子從「情境題目」去找要帶的「物品卡」有哪些，一張卡 1 分，若帶到「不相關的」物品，則扣 1 分，看最後可以得幾分。

進階

家長可設計「思辨題」，用故事敘述方式提問，像是：「小花上學帶了聯絡簿、書包，想一想她還忘記帶了什麼呢？」

 Tips 透過情境模擬，增加「思考方向」與「物品間的關聯性」。

用餐行為

穿衣與盥洗行為

日常移動行為

其他生活行為

遊戲行為

學習行為

8 屁股像長蟲，動來動去坐不住。

□ 坐沒坐好，一定要動來動去。
□ 活動量大愛說話。
□ 常常在椅子上左倒右倒或是滑下來。
□ 不論喜歡或是不喜歡的事情都 3 分鐘熱度
　（除了 3 C ）。
□ 走在路上喜歡東摸摸西摸摸。

　　只要坐著就會動來動去，上課也動、坐車也動，講很多遍但效果有限，對於小孩屁股長蟲動來動去大人常常心中火在燒，提醒完沒多久又故態復萌，還有其他因素會影響嗎？除了專注力還有哪些可能呢？

原因與影響

❶ 肌肉張力低

　　若小孩先天肌肉張力較低，對於維持端正的坐姿容易感到疲勞，所以常常會出現東倒西歪或是動來動去，變換姿勢來讓自己休息，當然時間一久也會影響到專注力。

❷ 其他感覺干擾

　　有可能小孩在尋求前庭刺激（搖晃的感覺），所以坐著的時候總是搖頭晃腦、雙腳亂踢、翹兩腳椅等，或是當天的穿著觸感讓孩子不舒服，也會使他一直分心去在意觸感。

❸ 注意力持續度

生活中一直存在各式各樣的訊息刺激，孩子隨時都要過濾掉不重要的訊息；但當頻頻注意到不重要的訊息或是無法過濾時，表現出來就會是坐不住一直東張西望。一般注意力的持續度概括為年齡的 3 ～ 5 倍，例如：4 歲的小孩大概可以維持 12 ～ 20 分鐘，如果低於太多可能持續度不足，除了專注力不足外，如果還結合活動量或是影響學習及學校生活，造成較大的困擾時，建議可尋求兒童心智科評估。

❹ 其他生理因素

身體不適或是情緒等也是影響專注力的一大關鍵。此外，如果是因為感冒正在服藥，或是過敏引起的鼻塞等，也容易影響小孩的表現進而無法專心坐著。

試試這樣做

✅ 加強核心肌群

Point➤ 提升軀幹肌力與肌耐力，
維持適當肌肉張力

建議可以多從事一些核心肌群或是全身出力的活動，來增加軀幹的穩定度，例如：游泳、體操、直排輪、跪姿擦地板、攀爬類型的遊具等。另外，適當地搬、推重物或是做些訓練核心肌群的動作，如：棒式、仰臥起坐、拱橋等也都可以提升軀幹的力量。

用餐行為

穿衣與盥洗行為

日常移動行為

其他生活行為

遊戲行為

學習行為

✅ 整合感覺，給予適當的刺激

Point 找出關鍵，大腦整合提升學習力

可以觀察小孩動來動去的時候都在做什麼，如果是一直拉扯衣服或是搓揉等，那可能是觸覺相關的敏感或尋求，可以與小孩討論是什麼讓他不舒服，並移除干擾。如果小孩總是翹兩腳椅、晃來晃去則可能是前庭感覺的尋求，則可以給予一些重力（本體覺）活動，讓小孩整合感覺再次專心。

✅ 日常生活中的注意力訓練

Point 加強注意力訓練，增加持續度

可以利用下方的親子遊戲並在遊戲過程中增加持續度，或也可在每日安排動、靜態活動時間。例如：下課後是動態活動（公園或是運動等），睡前則固定有 1 小段睡前靜態時光，除了培養睡覺情緒也可以讓大腦靜下來增加持續度；這段時間可以讀繪本、畫圖、拼積木或是玩益智遊戲等，不會有刺激以及衝撞的活動。

✅ 簡化環境

Point 將刺激減少，減少分心的頻率

如果家中環境允許，可將作業靜態區與遊戲區分開，或是當需要專心在一個玩具的時候，將其他東西先收起來，以減少孩子玩手上的卻看外面的情形；待確定要更換玩具時再去交換，不僅降低分心頻率也可增加持續度。另外，如果坐姿很容易搖來搖去或是翹兩腳椅，可以拉近桌子與椅子的距離，減少晃動的機會。

親子遊戲這樣玩

1 山洞探索

工具
- 數個小球或是玩偶
- 1～3 條雙人棉被
- 1 支手電筒

玩法

1. 請將玩具或是玩偶藏在 1 條棉被下面。

2. 請孩子帶著手電筒鑽到棉被下面找尋指定的物品，例如：幫我找兩顆紅色的球。

3. 增加棉被的數量，如堆疊 2 條棉被，將玩具或是玩偶藏在棉被下面，請孩子尋指定的物品。

進階

棉被愈重或是數量疊愈多，小孩需要使出的力量以及核心訓練也會愈多，可循序漸進逐漸增加。

 Tips 記得在遊戲過程中需要注意通風。

167

用餐行為

穿衣與盥洗行為

日常移動行為

其他生活行為

遊戲行為

學習行為

親子遊戲這樣玩

② 照我說的做

工具 ● 2 張椅子

Tips 大人與小孩可輪流出題，人多更好玩！

玩法

① 請大人與小孩面對面坐著，並告訴孩子照著我「說」的動作做。

② 大人在給予指令時，也要同時做出動作，例如：把兩隻手放在頭上，大人自己也要把手放在頭上。

③ 大約 3～5 題後，請大人嘴巴說的跟動作不同，例如：說「把手放在肩膀」但動作是把手放在肚子。

④ 如果小孩被視覺提示騙了也跟著把手放在肚子上則失敗，如果有依照指令放在對的地方則過關。

進階

隨著活動熟悉指令也可以愈來愈難，例如：「左手放鼻子，右手摸肚臍」或「右手比一個 3 放在耳朵旁邊，然後兩隻腳抬起來」等。

③ 找找是誰來了！

工具
● 1 張椅子
● 1 個眼罩或是口罩
● 1 支手機或是有聲音的玩具或是 1 本書

玩法

❶ 請小孩用眼罩或是口罩蒙住眼睛坐在椅子上，等會要聽聽看聲音在哪裡但不可以偷看。

❷ 準備好後大人使用手機或是玩具發出聲音約 3 秒後放置在該位置。

❸ 接著走到小孩面前協助打開眼罩，請小孩去找看看東西放在哪裡。

Tips 如果一開始找不到，可以請小孩指出聲音方向即可。

進階

如果熟悉活動之後，可以把東西用物品蓋住或是擋住，再讓小孩去尋找。

用餐行為

穿衣與盥洗行為

日常移動行為

其他生活行為

遊戲行為

學習行為

9 明明就在眼前，卻常常說沒看到。

□ 常常東西找不到。
□ 親子共讀看繪本都看不久。
□ 討厭拼拼圖。
□ 東西被遮住就認不出來。
□ ３Ｃ可以看很久，靜態遊戲一下下就沒耐心。

　　「我找不到，媽媽幫我！」經常聽到小孩這樣大喊，走過去幫忙卻發現東西明明就在那裡，到底有沒有是沒有專心找呢？還是真的沒看到？小孩常常沒耐心，東西明明就放在前面卻總要大人幫忙，找東西也是隨意看看就說沒看到，總是讓大人火冒三丈。

原因與影響

❶ 搜尋策略雜亂無章

　　觀察看看孩子是不是在整齊的地方就找得到物品呢？如便利商店整齊的貨架或整齊的櫃子，但在雜亂的桌上或是箱子就不容易看到。這可能跟孩子的搜尋策略有關係，整齊的地方方便小孩一排一排慢慢地找，且有方向性的依循；但雜亂的桌子或是箱子因為沒有輔助，所以孩子常常容易在看過的地方一直重複找，卻忘記哪些地方找過，哪些沒有。搜尋策略的雜亂容易影響小孩長大後的閱讀習慣，造成跳行或是跳題等。

② 視知覺技巧不足

排除生理的視力問題也有可能是視知覺技巧的部分，像是視覺完形的能力（當物品或圖案被擋住部分區域時，還是可以辨認）或是背景主題能力（在背景圖案中找到指定的東西）。詳細視知覺技巧、發展以及練習可參考《視知覺專注力遊戲暢銷增訂版：57 個不插電紙上遊戲，讓孩子更專心、更自律、更自信》。

③ 注意力不足

也有可能是小孩的注意力持續度不足，還沒看到就沒耐心說找不到，或是選擇性注意力不足（在多個訊息中，可以忽略不重要的干擾，專心於應該執行的事情上，如在教室上課時可以忽略掉外面的吵雜聲專心於上課內容。）

試試這樣做

✅ 與小孩一起將環境變得整起齊

Point▶ 在找尋東西時能有視覺輔助

可以嘗試與小孩一起將東西排列整齊，依照用途或是顏色等分門別類的擺放，在找東西時也能有依循的方向或是規則，比較能知道哪些地方有找過哪些還沒有。

✅ 建立搜尋策略

Point▶ 讓小孩養成閱讀的方向性

幫忙小孩找東西時，可以多花一些時間引導小孩自己找到，例如：帶著小孩的手從左往右或是從上往下，有方向性的搜尋，培養找尋東

用餐行為

穿衣與盥洗行為

日常移動行為

其他生活行為

遊戲行為

學習行為

西或是閱讀的方向性。平常也可在超市或便利商店的貨架前讓小孩幫忙找尋商品。

✅ 日常生活中的注意力訓練

Point 可以讓小孩反過來幫忙增加練習經驗

除了平常小孩向大人求救，大人也可以適時的請小孩協助，藉由協助的過程中訓練，例如：煮飯時請小孩在冰箱中拿取指定食材，或出門購物時請小孩拿取指定物品，或是在東西較多的客廳拿取指定的物品等，並持續鼓勵小孩找到東西。

✅ 引導鼓勵

Point 陪伴小孩增加持續度

在小孩求助的時候，適當的引導小孩再找找看，如詢問小孩，剛剛找過哪邊了呢？鼓勵小孩再次嘗試看看，或是縮小範圍提示，如這一邊呢？你看看（指出一小個範圍），與其直接幫忙找出來不如讓小孩有練習的機會，在陪伴引導的過程中也可以增加小孩的耐心以及持續度！

✅ 嘗試拼圖及繪本遊戲

Point 藉由日常遊戲來增加視知覺技巧

拼圖是訓練視知覺技巧非常方便又容易取得的玩具，2 歲左右可以從 2 ～ 8 片的寶寶拼圖開始，若本來就不喜歡拼圖的孩子也可用找找看的繪本來嘗試看看，或從少片數的拼圖開始增加自信。另外，中大班的小孩也可利用樂高積木等，需要對照說明書的玩具開始，在找積木以及對照的過程中除了訓練視知覺也能練習到注意力的技巧唷！

親子遊戲這樣玩

1 火車軌道送貨

工具
- 4 卷不同顏色的紙膠帶
- 3 張不同顏色的圓點貼紙
- 1 張海報紙
- 1 支筆
- 1 組玩具火車或是小汽車

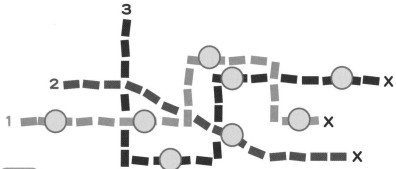

玩法

① 在牆面或是海報紙上利用不同顏色的紙膠帶貼出 1～4 條路線，一種顏色一條路線。在起點寫上 1～4，並在終點貼上Ｘ。

② 利用 3 種顏色的圓點貼紙隨機貼在路線上，當成站牌，數量不拘。

③ 出題目囉！請小朋友帶著小火車走在指定軌道上，並數數看這個軌道有幾個○色的站牌。例如：請問一號軌道上有幾個紅色站牌呢？

進階

熟悉後，可增加站牌顏色、軌道數量或是路線轉彎的次數，都可以增加難度呦！

Tips 家長可以觀察小孩的眼神有沒有照著軌道路線走以及會不會有中途分心等狀況。

用餐行為

穿衣與盥洗行為

日常移動行為

其他生活行為

遊戲行為

學習行為

親子遊戲這樣玩

② 偵探賓果

工具
- 1 張 A 4 白紙
- 1 盒彩色筆
- 2 個紙筒
- 1 組抽籤用便條紙

玩法

❶ 大人先做籤筒。準備 3 張便條紙，分別用彩色筆塗上紅色、綠色、藍色，並折起來，不要讓孩子看到顏色，放入籤筒。

❷ 接著準備 3 張便條紙用黑筆分別畫圓形、三角形、正方形，折起來，放入另一個籤筒。

❸ 在 A4 的紙上畫出 3 X 3 的格子，請小孩使用紅色、綠色、藍色的彩色筆，隨機在格子內各畫出圓形、三角形、正方形，總個九個圖形。

❹ 大人與小孩輪流抽籤出題，抽出顏色以及形狀，誰先找到就用色筆把那一格圈起來。看看誰先連成一線賓果！

進階

熟悉流程後可以增加難度，可增加格子數量至 4 X 4 或是 5 X 5（5 種顏色以及 5 種形狀）或是將形狀換成注音／數字等。

10 下筆力道拿捏不好，可能太輕、可能太大力。

□ 力道太輕，都看不太到筆劃、字跡。
□ 過度用力、緊握筆桿。
□ 力道過大，書寫時很像在刻字，有時會寫破紙張。
□ 為了將圖樣塗滿，手會懸握、用力著塗。
□ 常抱怨手痠，無法完成作業。

　　孩子於幼兒期（1～3歲），即開始以不同的塗鴉工具隨意畫畫，此時多以拳握方式為主；到了學齡前期（4～6歲），逐漸發展出較為成熟的握筆姿勢，多以前三指（拇指、食指、中指）來拿穩筆。練習塗鴉、書寫的過程中，握筆姿勢、運筆力道、運筆方向控制等等皆可能影響孩子的書寫品質及表現。

▲ 4～6歲的孩子，逐漸發展出較為成熟的握筆姿勢。

用餐行為

穿衣與盥洗行為

日常移動行為

其他生活行為

遊戲行為

學習行為

原因與影響

❶ 手指操作的肌耐力不足

有些孩子手掌抓握是有力的，但是分指力量卻是弱的。手指操作的肌耐力不足，可能會讓孩子無法拿穩書寫工具、書寫時力道不足、容易手痠，或是書寫時筆易滑落，無法順利完成書寫及塗鴉活動。

❷ 前三指的協調控制欠佳

運筆過程中，孩子需要因應著色區域做著塗範圍控制、因應虛線做適當的方向轉換等，過程中需要流暢的前三指協調控制能力，以適切地變換運筆方向。若協調控制欠佳的孩子，可能出現過度使力或出力過輕的狀況，拿捏不好適中的力道及速度，有時更可能觀察到手腕過度僵硬、懸握等不正確姿勢。

❸ 本體覺整合欠佳

本體覺回饋較鈍的孩子，可能無法立即覺察自己已經出了多少力氣來完成活動，而常觀察到有過度用力的狀況。過度用力握筆，可從以下情況觀察：握筆時手指頭前端泛白、寫字像刻字、紙張背面許多書寫的印痕等。

試試這樣做

✓ 運筆前，先確認握筆姿勢

Point 先拿穩書寫工具，才能進一步討論運筆力道

若是握筆姿勢先出了問題，孩子無法有技巧的抓握筆桿，將會以不穩定的運筆方式進行書寫活動，那麼，應當先學習把筆拿好的技巧。（可參考 Q2：拿筆姿勢怪，總是握拳寫字。）

✔ 加強手指操作力量及靈巧度

Point ▶ 提升書寫活動的基礎能力

　　日常中可增加操作型教具的經驗，亦可藉由阻力較大的玩具，進一步提升手指操作力量，例如：硬度較大的黏土、較緊的曬衣夾或夾子等。也可以使用較小的教具提升指尖捏握、指腹捏握的協調能力，如膠珠創作、豆子分類、小圓點貼活動等。

✔ 引導運筆時的出力技巧

Point ▶ 大人提供肢體引導，帶著孩子學習控制技巧

　　有時字跡太輕，是孩子不知道如何使力進行運筆，多呈虛握姿勢。建議可適時給予肢體引導，以大人的手包住孩子的手（如下圖），按壓孩子的拇指、食指指頭處，提示出力位置，且帶著孩子以三指抓握方式，下壓筆桿進行書寫。提供本體覺刺激，可引導孩子理解正確的下筆出力技巧。

▲ 大人的手包住孩子的手。

用餐行為

穿衣與盥洗行為

日常移動行為

其他生活行為

遊戲行為

學習行為

✅ 調整書寫工具

Point 適當的工具，能讓書寫練習事半功倍

在國內外許多廠商的開發下，現今我們擁有多樣化的書寫工具。對於孩子來說，若有成熟的握筆及運筆技巧，嘗試各種類型的筆材都是一種新的體驗；倘若，握筆及運筆技巧尚未成熟的孩子，對於書寫工具的選擇則需多加注意，以下建議可以參考：

書寫工具的選擇

• 下筆力道較弱、運筆控制欠佳的孩子，建議減少使用白板筆、彩色筆做練習。因為這類筆材，出水量高，一碰到紙即上色且大量出水。

對於下筆力道較弱的孩子，會習慣輕輕劃過即上色，無法練習正確的下筆力道；而對於運筆控制欠佳的孩子，因這類筆材的書寫阻力較小而運筆控制不易，常觀察到孩子運筆時煞不住車。

• 建議可選擇粗三角鉛筆、色鉛筆，加粗筆桿讓孩子更易於抓握且省力、三角設計讓三指抓握更為直覺。

此外，建議家長可試寫看看，若不太容易上色的色鉛筆，孩子會因筆色過淡而對書寫感到無趣，或是為了顯色而過度施力，因此選支自己也覺得好寫的筆，是很重要的喔！

親子遊戲這樣玩

① 泡泡長大囉！

工具
- 1 張 A4 紙
- 1 支奇異筆
- 1 支鉛筆

玩法

❶ 大人用奇異筆在 A4 紙的中心畫一個約 3cm X 3cm 的圓，當作泡泡。

❷ 泡泡會慢慢長大喔！請孩子用鉛筆在圓外面畫一個比他還要大的圓。

❸ 小心，泡泡的邊邊不能碰到前一個泡泡呦！看看我們能變出多少個泡泡。

 Tips 可讓孩子們一起比賽，看誰畫的泡泡比較多。

用餐行為

穿衣與盥洗行為

日常移動行為

其他生活行為

遊戲行為

學習行為

親子遊戲這樣玩

② 戳戳樂

工具
- 1 塊較硬的黏土
- 1 支鉛筆

三指抓握

玩法

1. 讓孩子以三指握筆方式拿好鉛筆。

2. 用鉛筆下戳黏土，戳出深深地洞。

3. 看看可以戳幾個洞呢！

進階

可選用不同硬度的黏土來讓孩子嘗試以不同的力道戳洞。

Tips 戳洞時，注意是持續以三指抓握的方式，
切勿因沒力而以拳握代償。

11 不會使用尺，
畫線時尺總會滑走。

☐ 使用尺時會滑走。
☐ 尺的正反面容易拿反。
☐ 畫線時，筆尖無法持續沿著尺緣走。
☐ 兩點連線時，尺無法準確同時對齊兩點，明顯偏移。

　　隨著學習能力的提升，孩子開始接觸愈來愈多的學習工具，尺即是其中之一，但孩子怎麼用尺時常常滑走，反而畫的更歪？

原因與影響

❶ 非慣用手的力道控制及協調控制欠佳

　　使用尺的活動時，一手握筆、一手壓尺，雙側的任務是不一樣的。當孩子專注於畫線時，若非慣用手的力道較弱或雙側協調較弱時，易出現邊畫邊把尺推走的現象。

❷ 手眼協調能力欠佳

　　無論是以尺進行兩點連線或繪製幾何圖形，皆需手眼協調能力以完成「用尺對齊」這個任務：對齊一頭、微調再對齊另一頭、固定尺。常常觀察到孩子，一邊對齊後，另一頭又歪了，重複了好多次，無法同時準確對齊尺的兩端。

181

用餐行為

穿衣與盥洗行為

日常移動行為

其他生活行為

遊戲行為

學習行為

❸ 使用尺的經驗較少

　　尺的使用在日常中算少見，多在學習任務中需要使用時才會接觸到。因此，多數孩子是不熟悉這個工具的，可增加練習頻率或融入遊戲，孩子能漸漸熟悉尺，適當的區辨正反面以及尺的操作技巧。

試試這樣做

✅ 選擇不透明尺面

Point▶ 孩子可以更直覺地區辨尺的正反面

　　孩子常常拿起透明尺就直接使用，沒有特別去觀察上面的數字是否反了、沒有注意尺的斜切面是否也反了。建議可選擇不透明尺面，一面有數字及刻度、一面什麼都沒有，孩子能直覺地區辨正反面。另外，若孩子較易分心的話，建議以不透明、單色的尺面做使用，避免看著尺上面的卡通人物看到分神；若排除專注力的疑慮，選擇孩子喜愛的圖案是沒問題的。

✅ 提升非慣用手的操作力量及協調

Point▶ 讓雙手任務更順暢

　　隨著成長，大腦側化而發展出慣用側，慣用手開始練習更為複雜的操作任務。而非慣用手則需要當一個很好的輔助角色，倘若非慣用手的操作力量較弱或協調技巧較笨拙，那麼雙手任務時非慣用手常會愈幫愈忙。建議練習一般操作遊戲時，可雙手輪流使用，同時提升非慣用手的能力（如曬衣夾、單手投球等活動）。

親子遊戲這樣玩

❶ 大螺絲創意畫

工具
- 1 組大螺絲塑膠玩具
- 1 支筆
- 1 張紙

玩法

❶ 讓孩子以大螺絲在紙上自由排列，排出想畫的圖樣（如機器人、花園等）。

❷ 一手壓穩大螺絲、一手沿著大螺絲的邊邊繪製，逐一完成，變成一幅創意畫。

進階

可將大螺絲更換為大雪花片及立方積木的平面組合。

用餐行為

穿衣與盥洗行為

日常移動行為

其他生活行為

遊戲行為

學習行為

親子遊戲這樣玩

② 蓋泡泡

工具
- 1 支筆
- 1 張 A4 紙
- 1 個印章

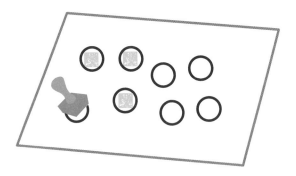

玩法

① 由大人先在紙上繪製圓圈泡泡，圓圈需略大於印章大小。

② 請孩子以非慣用手拿印章，蓋在泡泡中，要用力壓出印章圖樣。

Tips 孩子用力壓印章時，常伴隨旋轉印章，建議大人以手帶手的方式按壓孩子的手，引導正確的出力技巧。

12 不會撕紙，總是用扯破的。

□ 總是以扯破的方式來撕紙。
□ 無法控制撕的方向。
□ 無法將紙撕碎，總是一大塊一大塊。
□ 撕不開有一點厚度的紙張。

您是否曾有讓孩子撕紙的經驗？看似簡單的撕紙活動，其實隱含著大量的手部技巧、力氣控制與手眼協調能力，如必須判斷紙張材質與厚度需要多大的力量來撕？手要從哪裡開始撕？接著往哪個方向撕？要撕什麼形狀？雙手要如何配合撕才不致讓紙撕得破爛？如果孩子尚未掌握這些技巧，請您一起來了解撕紙對孩子的重要性與訓練方式吧！

▲ 總是以扯破的方式來撕紙。

原因與影響

❶ 手指力氣不足，撕不開紙而只能用蠻力

指腹碰指腹對掌力氣不足，只能依賴手腕或手臂的力氣輔助撕開，而容易以扯開的方式撕紙或是只能大範圍撕紙、無法撕碎。

❷ 雙手協調不佳，無法控制方向

　　無法協調一手往前、一手往後撕（如下圖 1、2）或一手壓紙、一手撕（如下圖 3）的動作，因此撕的品質不好或無法控制方向將紙撕開，此外，也可能因為雙手無法配合撕的位置跟著移動，而無法連續沿線撕。

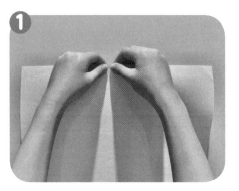

無法協調一手往前、一手往後撕

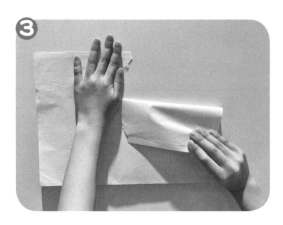

一手壓紙、一手撕

❸ 不會調整力道，無法依照紙的特性調整力氣

　　不同材質與厚度的紙張需要不同的力量來控制，在撕的過程中孩子通過觸覺、視覺與本體覺的回饋來調整撕的力道，而若孩子無法有效整合這些感覺、適時調整力道，可能會把紙張撕得破破爛爛，或以蠻力扯開的方式撕紙。

試試這樣做

✔ 適齡練習撕紙趣

　Point▶ 依照年齡練撕紙，輕鬆又有趣

　　撕紙是很多孩子喜歡的活動，不過不同年齡需要會哪些撕紙技巧呢？一般來說，6～8個月的寶寶可能就會出現撕的動作，可以讓孩子練習撕開衛生紙，並一起上拋、玩下雪的遊戲；2～3歲的孩子可以撕開一般的紙，但可能還無法控制力道與方向，也無法將紙撕得很碎，這個時期可以練習將紙完全撕開，或練習做麵條撕成長條型；3～4歲的孩子可以練習將紙撕成小塊，並貼在紙上做拼貼畫；4～5歲以上的孩子可以練習按照路線撕紙或是撕成指定形狀。參考難度（下圖）。

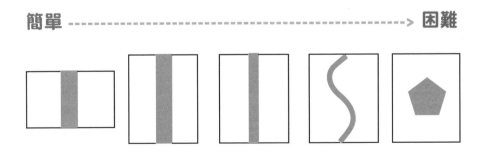

簡單 ----------------------------> 困難

用餐行為

穿衣與盥洗行為

日常移動行為

其他生活行為

遊戲行為

學習行為

✅ 從小張紙開始，膠帶輔助更 easy

Point 選擇孩子容易抓握的尺寸

剛開始大人可以協助將 A4 大小的紙裁切成一半或是 1 / 3，讓孩子能輕易抓握，同時也可以在紙上撕開一個縫讓孩子更容易起始撕的動作。針對大一點的孩子，可以請孩子在紙上畫出路線並嘗試沿線撕，若孩子很難做到，大人可以協助以兩道彩色膠帶貼出一個路線（如下圖），讓孩子更容易沿著路線撕開。

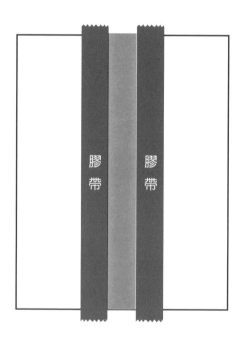

親子遊戲這樣玩

① 彩色大獅子

工具
- 1 張白紙
- 1 支黑色彩色筆
- 1 捲彩色紙膠帶

玩法

① 大人先在白紙上畫一隻獅子的頭。

② 邀請孩子一手扶著紙膠帶、另一手將紙膠帶撕成一段一段，長度可以有長有短會更有變化。

③ 把膠帶貼在獅子頭的周圍就完成啦！

進階

也可以在紙杯的底部畫上獅子的頭，再請孩子將更細的紙膠帶貼在獅子的頭周圍喔！

用餐行為

穿衣與盥洗行為

日常移動行為

其他生活行為

遊戲行為

學習行為

親子遊戲這樣玩

② 小蛇撕撕樂

工具
- 數張白紙
- 1 把剪刀
- 1 支黑色彩色筆

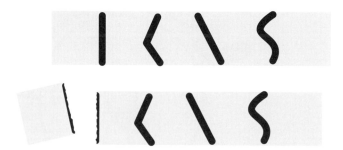

玩法

❶ 讓大人先協助剪下長條紙片，寬度約 1.5 ～ 3cm。

❷ 接著在長條紙片上畫出一節節的條紋。

❹ 引導孩子沿黑線條紋撕斷。

進階

越細、越密集與有角度的條紋，可以增加孩子撕紙控制的難度。

13 寫字忽大忽小，無法好好分配格子空間。

□ 使寫字時字體忽大忽小。
□ 字體內結構分散。
□ 很難分配格子或橫線上的空間，字與字之間會過度擁擠或過度分散。
□ 沒有格子或線輔助會寫得更不好。

　　孩子在寫功課時，字體是否經常忽大忽小、結構分散而無法好好分配空間寫在格子內或線上？常常導致作業簿看起來亂七八糟或是無法讓人看懂？

原因與影響

❶ 控筆能力不佳

　　上述的狀況常常發生在剛開始學寫字的孩子身上，因為執筆能力還未能控制好，因此有時是因為無法控制線條的長短、轉彎的時機而無法將字寫成相同大小。另一方面也可能是因為孩子需要花比較多注意力在回憶字體與控筆上，而未能考慮空間配置。

❷ 視覺空間概念未發展成熟

　　無法判斷字體的相關位置，或是應該從哪個位置開始才能有適切的字體大小與位置，因此難以掌握文字內部結構分配或字與字的位置。

191

用餐行為

穿衣與盥洗行為

日常移動行為

其他生活行為

遊戲行為

學習行為

❸ 視覺動作整合能力較弱

要能把字寫好、結構位置分配好需要能將視覺看到的資訊有效整合，並以手部動作輸出，同時視覺與手部動作的回饋又會再回到大腦處理與修正，如有沒有成功寫在格子裡？有沒有把字的筆畫位置寫正確？如果孩子這項能力不佳，會影響書寫品質與空間配置表現。

試試這樣做

✅ 先從控筆開始，漸進式練習

Point 先加強控筆基礎，提升手部動作品質

針對剛開始學寫字的孩子，一下子要求要寫正確、一下又要要求空間配置實在有點強人所難，一再要求孩子擦掉重寫，反而可能導致反效果，讓孩子更排斥把字寫好。不妨試試先從控筆遊戲開始，例如：點連點、在兩條線之間畫平行線段、走迷宮、仿畫圖案等，打好手部控筆的基礎，對於文字結構與筆畫的控制自然會有所提升。

✅ 大小方格寫寫畫畫練空間

Point 練習在不同大小的框中寫字畫圖，對空間更有概念

大人可以預先在白紙上畫出大大小小的正方框，並在方框中示範希望孩子寫的文字或圖案，讓孩子練習依據方框大小調整文字或圖案的大小，從而培養對於空間掌握的經驗。

✔ 提示孩子注意下筆位置

Point ▶ 從正確的位置下筆才能有好的配置

　　有些孩子無法將文字好好寫在格線中是因為沒有注意下筆的位置，因此可以用作業簿或課本上的範例提醒孩子，注意每個部件的位置以及要從哪個位置下筆才能讓部件寫在正確的位置。

　　提醒孩子注意「言」、「主」、「月」部件各自的位置，同時注意從哪裡下筆可以讓部件寫在合適的位置。或是如下圖在範例文字加入紅色起始點，幫助孩子注意、定位下筆位置。

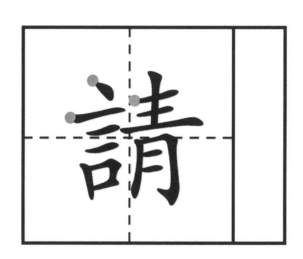

用餐行為

穿衣與盥洗行為

日常移動行為

其他生活行為

遊戲行為

學習行為

親子遊戲這樣玩

1 點點縫紉王

工具 ● 1 張白紙
● 1 支黑色彩色筆
● 數支色筆

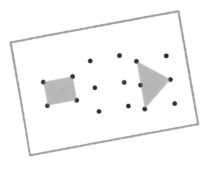
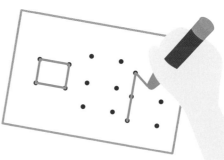

玩法

1 大人在白紙上用黑色色筆隨機在紙上點上兩組相同位置的黑點。

2 接著在其中一組黑點上連線出一個造型，如正方形。

3 請孩子仔細觀察連線的位置，並在未連線的黑點上嘗試連出相同的造型。

 Tips 用連線的動作來練習視覺動作整合與視覺空間對應能力。

② 方格畫禮物

工具
- 1 張白紙
- 1 支黑色彩色筆
- 數支色筆

玩法

❶ 大人先在白紙上用黑色色筆畫上各式大小不同的正方形。

❷ 請孩子用色筆幫禮物添上緞帶，如在正方形上畫上斜對角連線或是十字。

❸ 請孩子畫的時候，嘗試不超過邊框，並依據禮物（正方形）大小調整線段長度。

用餐行為

穿衣與盥洗行為

日常移動行為

其他生活行為

遊戲行為

學習行為

14 橡皮擦總是擦不乾淨！

☐ 無法穩定擦掉自己的字跡。
☐ 容易擦到旁邊不該擦掉的部分。
☐ 容易將紙本擦得皺皺的或破掉。

　　孩子寫功課的時候，除了握筆、書寫上的問題，另一個常常會面臨的大難題就是無法使用橡皮擦將字跡擦乾淨，導致常常因為沒擦乾淨被扣分或訂正時總是需要比別人花更多時間。

原因與影響

❶ 手部小肌肉肌力不足

　　孩子可能因為手指力量不足，無法產生足夠的力氣擦拭，或是才擦一半、手就痠了，沒有維持力量一段時間的能力將字跡擦乾淨。這樣的孩子可能同時伴隨寫字力道過輕或過重的表現，而若是以過重的力道書寫，又會造成字跡更難以擦拭，而變成負向循環，關於寫字力道控制的問題（請參照 Q10：下筆力道拿捏不好，可能太輕、可能太大力）。

❷ 手掌兩側內分化不佳

　　當孩子手掌兩側分化不佳，亦即無法以拇指、食指、中指進行操作，無名指與小指進行穩定，手指只能整個一起開合來操作，執行精細的操作或工具的使用容易覺得累、品質不好或速度很慢。

196

❸ 不會控制擦的力道方向

　　有時候並不是整個文字或整個詞語都錯誤，因此我們需要依據錯誤的部分，控制方向以擦掉需要擦拭的位置，若孩子無法觀察或判斷需要往什麼方向施力，則容易造成擦拭的品質不佳。此外，許多孩子是由於忽略要往桌面施力，而容易把紙擦得皺皺的，字卻擦不乾淨。

❹ 沒有動機擦拭乾淨或不明白「擦乾淨的標準」

　　部分孩子不明白擦乾淨的重要性或標準，認為「有擦就好」或是有把功課「寫完」或「訂正完」即可，因而沒有動機想要擦拭乾淨。

試試這樣做

✔ 選擇適當大小的橡皮擦

> **Point** 能在手中以「前三指指腹」穩定抓握最重要

　　太大或太小的橡皮擦都不方便使用，建議需要選擇適當的大小以幫助孩子更能抓握與控制。選購時可以直接帶孩子到文具店，請孩子拿在手裡來選擇最適當的大小。而對於手掌兩側分化不佳的孩子，可以嘗試我們使用過斷掉的、短小的橡皮擦來誘發孩子以前三隻手指頭抓握、練習擦拭。

✔ 選擇基本長方形的橡皮擦

> **Point** 造型不是重點，少一點造型花樣更好控制

　　市面上橡皮擦的造型百百種，按壓式的、圓柱的、卡通造型的、黏土材質的等，其實對手部小肌肉尚未發展成熟的孩子來說，最基本、最常見的長方形橡皮擦就是最好的選擇。普通方形的橡皮擦便於孩子

用餐行為

穿衣與盥洗行為

日常移動行為

其他生活行為

遊戲行為

學習行為

抓握，邊角相對於其他造型也更容易精準擦拭，同時還可避免孩子因為操作按壓或卡通圖案分心。

✅ 非慣用手虎口打開壓紙

Point ▶ 欲擦的字擺在虎口中間協助定位

有些孩子在擦拭的時候不習慣使用非慣用手幫忙定位，因此即便擦的過程課本沒有移動，也難以精準控制欲擦拭的內容。如果孩子有這樣的情形，可以提醒使用非慣用手張開虎口，將欲擦的字擺在虎口中間協助定位（如下圖），一來可以固定紙面，二來也幫助我們更容易在小範圍內施力。

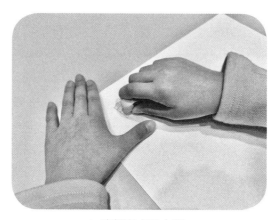

▲ 字擺在虎口中間。

✅ 以拇指、食指、中指指腹抓握橡皮擦

Point ▶ 虎口呈現一個 C 字型更好施力

可以請孩子使用拇指、食指、中指的「指腹」抓握橡皮擦，無名指與小指彎起來以提供前三指的穩定，同時可以觀察孩子虎口處呈現一個 C 字型，能更有效率地使力。

親子遊戲這樣玩

① 擦擦黑白配

工具
- 1 張白紙
- 1 支鉛筆
- 1 個橡皮擦

玩法

① 由大人在紙上畫大小不一、但緊密的圓圈。

② 請孩子用鉛筆將一半數量的圓圈塗滿黑色。

③ 由大人出題，請孩子用橡皮擦依序擦掉指定顏色的圓圈。
例如：黑白黑。

進階

孩子需仔細聽需擦掉的順序，練手也練序列記憶。待孩子能記住後可增加擦的順序，如黑白黑黑白。

 Tips 擦的同時需要控制不能擦到其他的圓圈。

用餐行為

穿衣與盥洗行為

日常移動行為

其他生活行為

遊戲行為

學習行為

親子遊戲這樣玩

② 數字擦泡泡

工具
- 1 張白紙
- 1 支鉛筆
- 1 個橡皮擦

玩法

❶ 由大人在紙上畫出大小不一的圓圈，並隨機填入數字。
注意：大圈圈寫上大數字、小圈圈寫上小數字。

❷ 由大人出題，例如：請擦掉數字 5。

❸ 請孩子擦掉圓圈內數字，並且不能擦到外面的圓圈，擦到泡泡就破掉囉！

進階

圓圈的尺寸越小越困難，挑戰不「擦」破泡泡好好玩。

Tips 可以加入競賽規則更有動機，如：誰破掉得少就贏得比賽。

15 使用剪刀時，常剪得歪七扭八。

□ 剪刀拿不穩，剪取時剪刀會東倒西歪，或剪刀掉落。
□ 剪刀卡於指頭根部才得以拿穩剪刀。
□ 不會打開剪刀。
□ 開闔剪刀時以五指一同握拳、張開來操作。
□ 剪紙動作笨拙不協調，有時會身體歪斜、手腕扭曲。
□ 常常會剪刀片夾紙。
□ 剪刀一碰到紙就暴衝，沒有辦法好好對齊。
□ 無法流暢的控制剪刀的方向，明顯偏離。

　　一般家庭因安全因素，會把剪刀收好，妥善保管，盡可能不讓孩子接觸，居家亦顯少有機會讓孩子練習剪刀剪取。因此，普遍孩子在居家很少機會使用剪刀，多數是在幼兒園的美勞操作時開始接觸剪刀活動，而剪刀使用相關的問題漸漸浮出，如剪刀卡於指頭根部才得以拿穩剪刀（如下圖）。

▲ 剪刀卡於指頭根部。

用餐行為

穿衣與盥洗行為

日常移動行為

其他生活行為

遊戲行為

學習行為

原因與影響

❶ 剪刀的操作經驗不足

「剪刀太危險了……」剪刀活動常是家長的夢魘，擔心使用上的安全，但若在適當的指導及監督下正確使用剪刀，孩子就能在安全的情境下增進技巧。倘若練習經驗較貧乏，孩子不熟悉此工具的情況下自然表現不流暢。

❷ 工具操作能力欠佳

剪刀的工具操作能力包含了掌內肌的肌肉控制能力、手眼協調、手部靈巧度、前臂上臂穩定度等，若其一能力稍有不足，則會影響整個動作流暢性及剪取活動完成度。

❸ 剪刀工具不敷使用

因安全考量下，多數家長會準備塑膠剪刀做練習，建議大人可以自己先使用看看，這剪刀好不好使用？部分塑膠剪刀著實是比較容易卡紙，或是剪刀片上有許多殘留的黏膠，導致開闔不易，使用起來卡卡的。

❹ 雙手操作協調欠佳

剪紙時，一手拿紙、一手操作剪刀，雙手有著不同的任務，合作完成剪取活動。但臨床上卻常常發現孩子專注於慣用手的剪取，而不知道非慣用手該如何協助活動、如何拿穩紙張，可能拿的位置太遠，使紙張軟軟、垂垂的，不利於剪取；可能抓握紙張的手勢不妥當，呈紙上四指、紙下拇指的方式捏緊紙張，紙面上出現伸直直的手指，很容易被剪刀剪傷；也可能非慣用手找不到合適抓握的位置，使手臂動作扭曲、紙張平面也扭曲。

⑤ 個性急快，耐不住性子對齊線段

　　有些孩子覺得剪刀碰到紙，就可以開始剪了，衝得比誰還要快，但尚未好好對齊線段，而且剪取動作急快較有安全疑慮。

試試這樣做

✔ 將剪取任務步驟化

　　Point▶ 加強孩子對動作步驟的概念

步驟 1

非慣用手抓握紙張的手勢為拇指在紙上，其他四指在紙下屈曲手指，捏握紙張。屈曲手指可避免手指離刀片太近。

步驟 2

剪刀打開，刀片根部及刀柄對齊線條，刀片呈垂直狀。

步驟 3

沿線剪下，慢慢向前剪，注意有沒有剪在線條上。若沒有則停止，對齊、調整好方向再剪取。

步驟 4

隨著線條方向，以非慣用手轉紙，轉至讓線條對齊剪刀片，並非剪刀一直大幅度轉動（注意：剪刀方向需向前，切勿朝向自己）。

　　對於剪取活動不熟悉的孩子，可透過大人給予分步驟的動作提示，強化對剪取需注意的項目及動作流程有較清晰的概念。

用餐行為

穿衣與盥洗行為

日常移動行為

其他生活行為

遊戲行為

學習行為

☑ 剪紙難度逐步調整

Point ▸ 漸進式練習讓孩子熟悉剪取技巧，獲得成就感

孩子尚未熟悉剪刀工具的操作技巧時，可從簡單的一刀剪斷線段開始練習，以加強剪刀對齊線段的手眼協調，接著進階練習（如下圖）剪取直線、閃電線、曲折城堡線、弧線，再慢慢變成幾何圖形、複雜圖形、卡通人物等；從一刀一刀沿著剪，到連續剪取技巧。漸進式加強剪刀方向、剪取速度、雙手協調的控制技巧，讓孩子逐步熟系，獲得成就感。

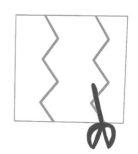

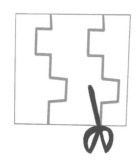

✅ 更換合適的剪刀

> **Point** ▶ 對的工具，可以讓剪取任務事半功倍

不好剪的剪刀，很難讓孩子真實習得剪取技巧，以下建議提供給大人們參考：

選擇剪刀的建議

- 建議使用金屬材質的刀片，避免使用塑膠刀片。

- 刀片開闔順暢、無黏膠，刀片前端為圓弧鈍面，前端太尖容易再拿取剪刀時劃傷。

- 剪刀握柄的洞洞勿太大，太大的洞孔會使孩子難以持穩剪刀，易使孩子想塞入四指拿穩剪刀。

- 慣用左手的孩子建議使用左手剪刀。

用餐行為

穿衣與盥洗行為

日常移動行為

其他生活行為

遊戲行為

學習行為

親子遊戲這樣玩

❶ 釘書針搭橋

工具
● 1 個釘書機
● 1 張 A4 紙
● 1 支藍色麥克筆

玩法

❶ 由大人在 A4 紙上畫藍色線條作為小河。距離邊緣 5 公分內的線條。

❷ 請孩子沿著線，釘上訂書針。同時對孩子說，來吧！我們一起搭小橋！

進階

線條可先以直線做練習，若孩子的表現不錯，可變成閃電線、曲折城堡線、圓弧線等等。

② 綁筷子

工具　● 數支筷子
　　　　● 數條橡皮筋

玩法

❶ 請孩子抓好三支筷子，並用橡皮筋將筷子捆緊。

❷ 可綁數條橡皮筋在筷子上，練習掌內肌的控制技巧及雙手協調。

進階

視孩子表現，可漸增筷子的量，非慣用手需在綑綁過程中，好好抓緊筷子束。

幼兒生活技巧與 感覺統合遊戲 ❷ 遊戲、學習篇

圖解 30 個生活遊戲 + 127 個問題解決方案
協助孩子學習不卡關

作 者	林郁雯、柯冠伶、陳姿羽、牛廣妤、林郁婷	
選 書	林小鈴	
主 編	陳雯琪	

行 銷 經 理	王維君
業 務 經 理	羅越華
總 編 輯	林小鈴
發 行 人	何飛鵬
出 版	新手父母出版
	城邦文化事業股份有限公司
	台北市中山區民生東路二段 141 號 8 樓
	電話：(02) 2500-7008　傳真：(02) 2502-7676
	E-mail：bwp.service@cite.com.tw
發 行	英屬蓋曼群島商家庭傳媒股份有限公司城邦分公司
	台北市中山區民生東路二段 141 號 11 樓
	讀者服務專線：02-2500-7718；02-2500-7719
	24 小時傳真服務：02-2500-1900；02-2500-1991
	讀者服務信箱 E-mail：service@readingclub.com.tw
	劃撥帳號：19863813
	戶名：書虫股份有限公司

香港發行所	城邦（香港）出版集團有限公司
	香港灣仔駱克道 193 號東超商業中心 1F
	電話：(852) 2508-6231　傳真：(852) 2578-9337
	E-mail：hkcite@biznetvigator.com
馬新發行所	城邦（馬新）出版集團 Cite(M) Sdn. Bhd. (458372 U)
	11, Jalan 30D/146, Desa Tasik,
	Sungai Besi, 57000 Kuala Lumpur, Malaysia.
	電話：(603) 90563833　傳真：(603) 90562833

封面設計／鍾如娟
版面設計、內頁排版、插圖繪製／鍾如娟
內頁圖片提供／廖泱晴、廖星晴
製版印刷／卡樂彩色製版印刷有限公司
2023 年 10 月 31 日初版 1 刷　　　　Printed in Taiwan
定價 400 元
ISBN：978-626-7008-51-5（平裝）
ISBN：978-626-7008-58-4（EPUB）

國家圖書館出版品預行編目 (CIP) 資料

幼兒生活技巧與感覺統合遊戲 2：遊
戲、學習篇／陳姿羽，林郁雯，柯冠
伶，牛廣妤，林郁婷著. -- 初版. --
臺北市：新手父母出版，城邦文化事
業股份有限公司出版：英屬蓋曼群島
商家庭傳媒股份有限公司城邦分公
司發行，2023.10
　面；　公分. --（好家教；SH0177)
ISBN 978-626-7008-51-5(平裝)

1.CST: 育兒
2.CST: 兒童遊戲
3.CST: 感覺統合訓練

428.82　　　　　112014158